道路土工構造物点検必携

令和５年度版

令和６年３月

公益社団法人　日本道路協会

＜増刷にあたって＞

道路土工構造物点検必携は、道路管理者をはじめ道路土工構造物の点検に係わる業務を行う技術者が適切に業務を遂行するために知っておくべき施設の特徴や切土・盛土の崩壊の特徴、さらに崩壊につながる変状事例など、点検・診断に関するさまざまな情報を取りまとめた資料であり、平成 30 年 7 月に発刊し、その後、令和 2 年版として増刷された。

今回、令和 5 年 3 月に改訂された「道路土工構造物点検要領」（国土交通省　道路局　国道・技術課：国土交通省および内閣府沖縄総合事務局が管理する道路において適用）を踏まえた内容を反映するとともに、変状事例や外見上類似しているが斜面安定工として抵抗機構が異なるロックボルトとグラウンドアンカーに関する内容の充実等を行い、令和 5 年度版として増刷するものである。

≪目　次≫

1．はじめに

1．はじめに

日本には、２０１７年４月時点で約１２０万ｋｍの道路が存在している。その内の約１００万ｋｍが主に道路土工構造物等により構成されている。

道路土工構造物とは、「道路を建設するために構築する土砂や岩石等の地盤材料を主材料として構成される構造物およびそれらに附帯する構造物の総称をいい、切土・斜面安定施設、盛土、カルバートおよびこれらに類するもの」と、国土交通省が定めた「道路土工構造物技術基準」（平成２７年３月３１日国都街第１１５号　国道企第５４号）に定義されている。その特徴としては、「道路を構成する主要構造物であり施設量が膨大である。」、「豪雨や地震などの自然現象を原因としたさまざまな損傷メカニズムが存在する。」、「自然斜面や地山などの不均質性から現状では損傷を予見するには限界がある。」などがある。

道路の維持管理における従来の取組みとしては、巡視等の道路パトロールのほか「道路防災総点検」（平成８年８月９日建設省道防発第６号）や「道路ストックの総点検」（平成２５年２月国土交通省道路局）などを実施し、道路利用者や第三者の被害を防止し、安全確保を図ってきたところである。

さらに予防保全を目的に道路土工構造物に関する点検については、まず平成２６年６月に「シェッド、大型カルバート等定期点検要領」が通知されて、次に平成２９年８月にその他の道路土工構造物を対象とした「道路土工構造物点検要領」が通知された。これによりすべての道路土工構造物に関する点検要領が整備された。

「道路土工構造物点検」のねらいは、従来の取組みに加えて、降雨や地震などの自然災害の影響を大きく受ける道路土工構造物について、防災上および効率的な維持修繕の観点から、適切な時期に適切な対策を施すことにある。

「道路土工構造物点検」を効果的に実施するため、既存の取組みによって得られた情報についても、道路土工構造物の位置や諸元の把握、変状の進行を判断するための比較対象とするなど、有効に活用することが望ましい。

「道路土工構造物点検必携」（以下、本必携）は、道路管理者をはじめ、道路土工構造物の点検に係わる業務を行う技術者が、適切に業務を遂行するために知っておくことが有効と思われる情報について、施設の特徴や切土・盛土の崩壊の特徴、さらに崩壊につながる変状事例など、適切な措置を実施するための点検・診断の考え方を中心にとりまとめたものである。

本必携を常に携行、あるいは机上に常備して参照することで、読者の技術力の向上と道路土工構造物の維持管理の質の向上につながることを期待している。

なお、本必携の作成にあたっては写真をはじめ多くの情報を各方面よりご提供いただいた。ここに深く感謝申し上げる。

2018 年７月　道路土工委員会・総括小委員会

2. 関連法規と点検体系

2.1 関連法規

2.2 点検体系

【維持管理における技術基準】

法律≪道路法（昭和二十七年六月十日法律第百八十号）≫

（道路の維持又は修繕）
第四十二条
　道路管理者は、道路を常時良好な状態に保つように維持し、修繕し、もって一般交通に支障を及ぼさないように努めなければならない。
2　道路の維持又は修繕に関する技術的基準その他必要な事項は、政令で定める。
3　前項の技術的基準は、道路の修繕を効率的に行うための点検に関する基準を含むものでなければならない。

政令≪道路法施行令（昭和二十七年十二月四日政令第四百七十九号）≫

【道路の維持又は修繕に関する技術的基準等】
第三十五条の二
　法第四十二条第二項の政令で定める道路の維持又は修繕に関する技術的基準その他必要な事項は、次のとおりとする。
一　道路の構造、交通状況又は維持若しくは修繕の状況、道路の存する地域の地形、地質又は気象の状況その他の状況（次号において「道路構造等」という。）を勘案して、適切な時期に、道路の巡視を行い、及び清掃、除草、除雪その他の道路の機能を維持するために必要な措置を講ずること。
二　道路の点検は、トンネル、橋その他の道路を構成する施設若しくは工作物又は道路の附属物について、道路構造等を勘案して、適切な時期に、目視その他適切な方法により行うこと。
三　前号の点検その他の方法により道路の損傷、腐食その他の劣化その他の異状があることを把握したときは、道路の効率的な維持及び修繕が図られるよう、必要な措置を講ずること。
2　前項に規定するもののほか、道路の維持又は修繕に関する技術的基準その他必要な事項は、国土交通省令で定める。

省令≪道路法施行規則（昭和二十七年八月一日建設省令第二十五号）≫

（道路の維持又は修繕に関する技術的基準等）
第四条の五の六
令第三十五条の二第二項の国土交通省令で定める道路の維持又は修繕に関する技術的基準その他必要な事項は、次のとおりとする。
一　トンネル、橋その他道路を構成する施設若しくは工作物又は道路の附属物のうち、損傷、腐食その他の劣化その他の異状が生じた場合に道路の構造又は交通に大きな支障を及ぼすおそれがあるもの（以下この条において「トンネル等」という。）の点検は、トンネル等の点検を適正に行うために必要な知識及び技能を有する者が行うこととし、近接目視により、五年に一回の頻度で行うことを基本とすること。
二　前号の点検を行つたときは、当該トンネル等について健全性の診断を行い、その結果を国土交通大臣が定めるところにより分類すること。
三　第一号の点検及び前号の診断の結果並びにトンネル等について令三十五条の二第一項第三号の措置を講じたときは、その内容を記録し、当該トンネル等が利用されている期間中は、これを保存すること。

（土工関連の点検要領と関連法規）

点検要領名	関連法規
道路土工構造物点検要領 平成29年8月　国土交通省道路局	道路法施行令　第35条の2（政令）
道路土工構造物点検要領 令和5年3月　国土交通省道路局 国道・技術課※	道路法施行令　第35条の2（政令）
シェッド、大型カルバート等定期点検要領 平成31年2月　国土交通省道路局	道路法施行規則　第4条の5の6（省令）

（※国土交通省および内閣府沖縄総合事務局が管理する道路（以下、直轄国道）において適用

道路土工構造物点検要領では、「必要な知識および技能を有する者」が「近接目視※1」を基本として「健全性の診断」を行い、道路の機能や利用者への影響を一定の尺度で判定し、適切な方法と時期を決定し、必要な「措置」を講じるなど、道路土工構造物の安全性の向上および効率的な維持修繕を図ることが求められる。点検の頻度は、通常点検では「巡視等により変状が認められた場合」としており、特定土工点検では「五年に一回の頻度を目安として」としている。また、点検、診断、措置の結果を「記録」し、当該道路土工構造物が供用されている期間は適切な方法で「整理・保存」し、維持管理等に活用することが求められている。

※1「近接目視」については、「5.3.1 近接目視点検の留意事項など」を参照

（1）点検の基本的な考え方

道路土工構造物の点検は、安全性の向上および効率的な維持修繕を図るため、道路土工構造物の崩壊等につながる変状を把握し、措置の必要性の判断を行うために実施する。

さらに、特定道路土工構造物（P16 参照）については、大規模な崩壊を起こした際の社会的な影響が大きいことから、頻度を定めて定期的に点検（特定土工点検）を行い、健全性を評価する。

なお、河川に隣接する区間で洗掘被害を受けた際に、長期の規制が発生するおそれがあることを踏まえて、「道路土工構造物点検要領 令和５年３月 国土交通省道路局国道・技術課」（以下、直轄版点検要領と記す）では、河川隣接区間の盛土または擁壁で、一定の条件に該当するものを特定道路土工構造物の対象としている（P17 参照）。また、防災カルテ点検において実施していた道路区域内における道路土工構造物の点検について、直轄版点検要領では、道路土工構造物点検として一元化されている。

「道路土工構造物等の点検体系」を図 2.2-1、直轄版点検要領の「道路土工構造物等の点検体系」を図 2.2.-2、「道路土工構造物点検要領の位置づけ」を図 2.2-3、直轄版点検要領の「道路土工構造物点検要領の位置づけ」を図 2.2-4 にそれぞれ示す。

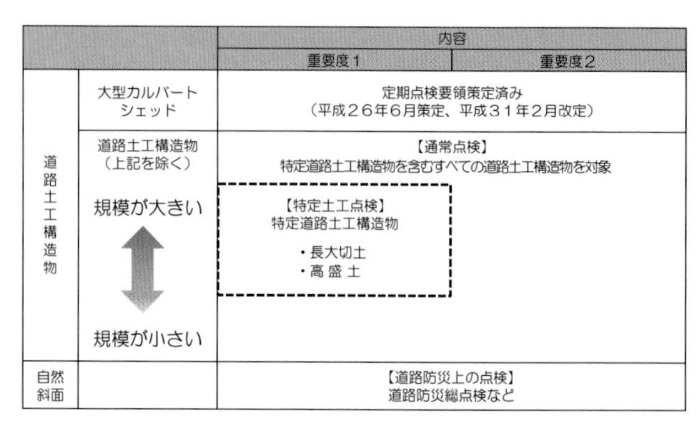

		内容	
		重要度１	重要度２
道路土工構造物	大型カルバート シェッド	定期点検要領策定済み （平成２６年６月策定、平成３１年２月改定）	
	道路土工構造物 （上記を除く） 規模が大きい ↕ 規模が小さい	【通常点検】 特定道路土工構造物を含むすべての道路土工構造物を対象 【特定土工点検】 特定道路土工構造物 ・長大切土 ・高 盛 土	
自然斜面		【道路防災上の点検】 道路防災総点検など	

図 2.2-1 道路土工構造物等の点検体系

		内容	
		重要度1	重要度2
道路土工構造物	大型カルバート シェッド	定期点検要領策定済み （平成31年2月改定）	
	道路土工構造物 （上記を除く） 規模が大きい ↕ 規模が小さい	【通常点検】 特定道路土工構造物を含むすべての道路土工構造物 【特定土工点検】 特定道路土工構造物 ・長大切土 ・高 盛 土 ・盛土（河川隣接区間） ・擁壁（河川隣接区間） ［・切土（防災カルテ点検対象箇所） ・盛土（防災カルテ点検対象箇所） ・擁壁（防災カルテ点検対象箇所）］※	
自然斜面		【道路防災上の点検】 道路防災総点検など	

［防災カルテ点検対象箇所は、特定土工点検の判定区分の「Ⅱ：経過観察段階」に準じた経過観察を行うものとし、その後の対策等による安定性向上に応じ経過観察を終了］※

図 2.2-2 直轄版点検要領における道路土工構造物等の点検体系（参考）

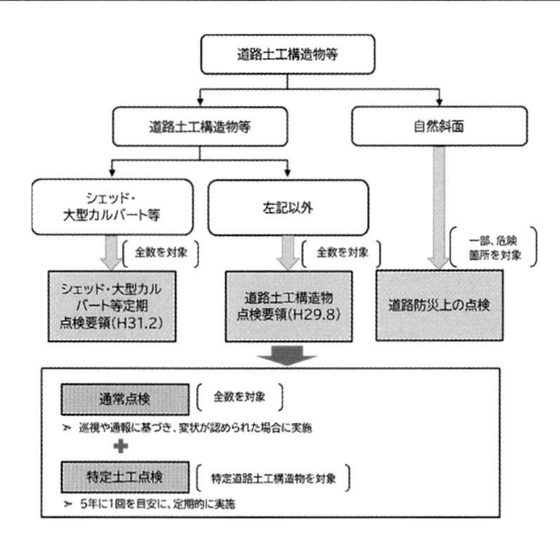

図 2.2-3 道路土工構造物点検要領の位置づけ

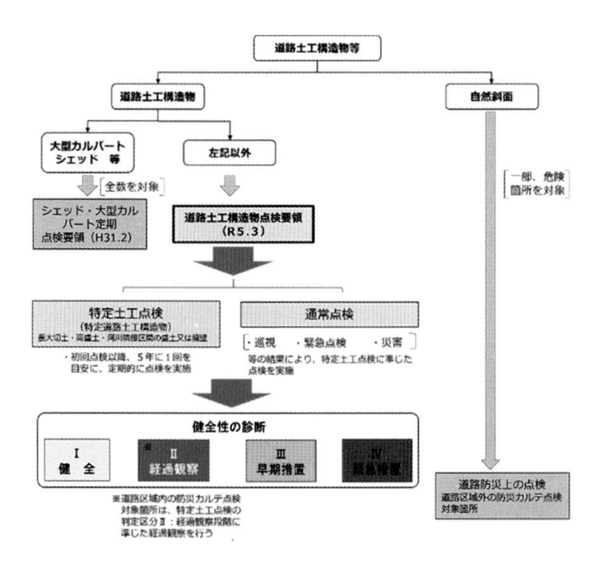

図 2.2-4 直轄版点検要領における道路土工構造物点検要領の位置づけ（参考）

（2）健全性の診断（道路土工構造物点検要領）

特定土工点検における特定道路土工構造物の健全性の診断は「表 2.2-1 判定区分」により行う。

健全性の診断は特定道路土工構造物全体（点検区域）の健全性を診断するものであり、のり面保護施設などの個々の施設の健全性を診断するものではない。

表 2.2-1 判定区分

判定区分	判定の内容
Ⅰ 健全	変状はない、もしくは変状があっても対策が必要ない場合（道路の機能に支障が生じていない状態）
Ⅱ 経過観察段階	変状が確認され、変状の進行度合いの観察が一定期間必要な場合（道路の機能に支障が生じていないが、別途、詳細な調査の実施や定期的な観察などの措置が望ましい状態）
Ⅲ 早期措置段階	変状が確認され、かつ次回点検までにさらに進行すると想定されることから構造物に崩壊が予想されるため、できるだけ速やかに措置を講じることが望ましい場合（道路の機能に支障は生じていないが、次回点検までに支障が生じる可能性があり、できるだけ速やかに措置を講じることが望ましい状態）
Ⅳ 緊急措置段階	変状が著しく、大規模な崩壊につながるおそれがあると判断され、緊急的な措置が必要な場合（道路の機能に支障が生じている、または生じる可能性が著しく高く、緊急に措置を講じべき状態）

なお、この判定区分は、「トンネル等の健全性の診断結果の分類に関する告示」（平成二十六年国土交通省告示第四百二十六号）に掲げられている表の区分に類似した表現ではあるものの異なるところがある。この告示では、構造物との機能に対する支障の程度を判定することになっている。一方で、「道路土工構造物点検要領」では道路の機能に対する支障の程度を判定することとなっており、例えば判定区分Ⅱは「経過観察段階」と、告示の「予防保全段階」とは区分が異なっていることに留意が必要である。

通常点検では、「道路管理者が設定した判定区分に照らし、点検で得られた情報により適切に診断を行う」とされている。なお、構造物の重要度や規模に応じて、上記判定区分を参考にすることが望ましい。

直轄版点検要領では、点検表記録様式における「健全性診断の所見等」欄に記載する所見の内容について、判定区分の診断根拠が明確となるように、所見の記載例が見直されている。なお、所見に記載すべき内容（項目）を 6.3.3 に、診断に至るまでの過程が記された所見の記載例を 8.2（P115）に示している。

※初回点検の重要性

道路土工構造物の点検にあたっては、点検時点における状態だけでなく、前回点検時からの変状の変化や、次回点検までの間の変状等の進行性を考慮して診断を行う必要がある。

そのため、構造物の初期の状態を把握しておくことが重要であり、竣工時、または道路土工構造物点検の初回点検にて道路土工構造物の状態を把握し、記録しておくことが重要である。

（3）各点検要領の適用範囲

「道路土工構造物点検要領」および「シェッド、大型カルバート等定期点検要領」の適用範囲は図 2.2-3 のとおりである。

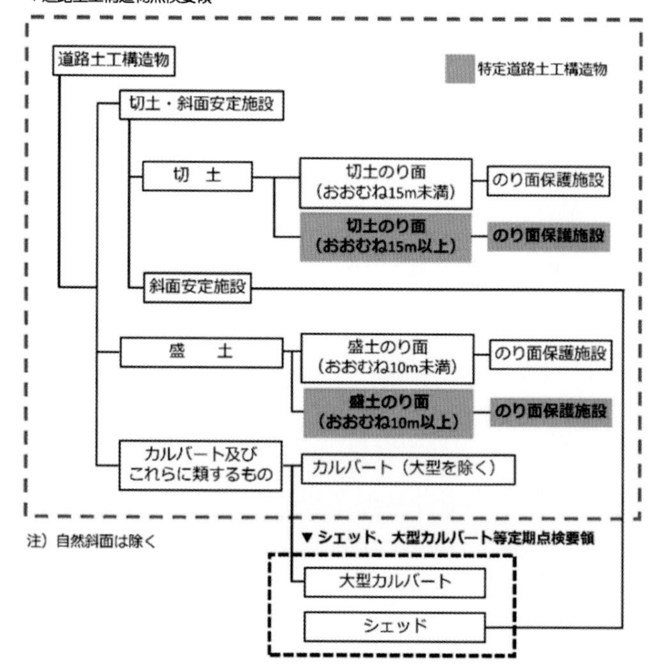

図 2.2-5 道路土工構造物の分類と適用範囲

本必携では道路土工構造物点検要領で対象とする道路土工構造物点検に関して記載しているが、この要領の対象外であるシェッド、大型カルバートの定期点検は、「シェッド、大型カルバート等定期点検要領」により実施する。

なお、P9 に記載のとおり、直轄版点検要領では、特定道路土工構造物に河川隣接区間が追加された他、防災カルテ点検において実施していた道路区域内における道路土工構造物の点検を道路土工構造物点検として一元化された。直轄版点検要領における道路土工構造物の分類と適用範囲は図 2.2-6 のとおりである。

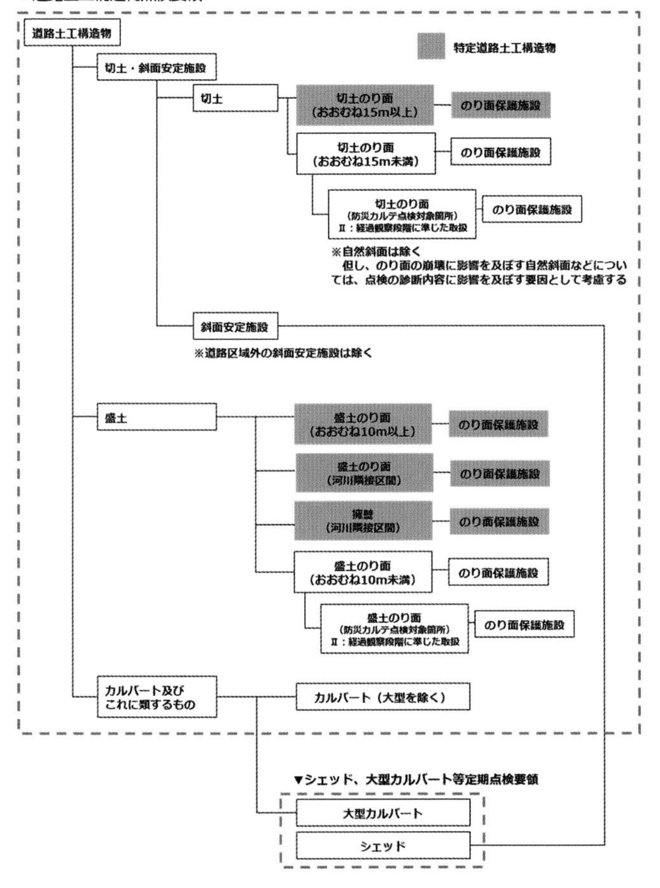

図 2.2-6 直轄版点検要領における道路土工構造物の分類と適用範囲（参考）

（4）特定道路土工構造物

「道路土工構造物技術基準」に規定された重要度１の道路土工構造物のうち、長大切土または高盛土のことをいう。

（a）長大切土

切土高おおむね15m以上の切土で、これを構成する切土のり面、のり面保護施設（吹付モルタル、のり枠、擁壁、補強土、グラウンドアンカー等）、排水施設等を含むものとする。

（b）高盛土

盛土高おおむね10m以上の盛土で、盛土のり面、のり面保護施設（擁壁、補強土等）、排水施設等を含むものとする。

長大切土は切土高がおおむね 15m以上のものであるが、のり面の高さの正確な把握が難しい場合や既存の取組みなどを踏まえ「小段３段より高い切土のり面」としてもよい。同様に、高盛土は盛土高がおおむね 10m以上のものであるが、「小段２段より高い盛土のり面」としてもよい。また、同一の区域内の最大の高さで判断することを基本とする。

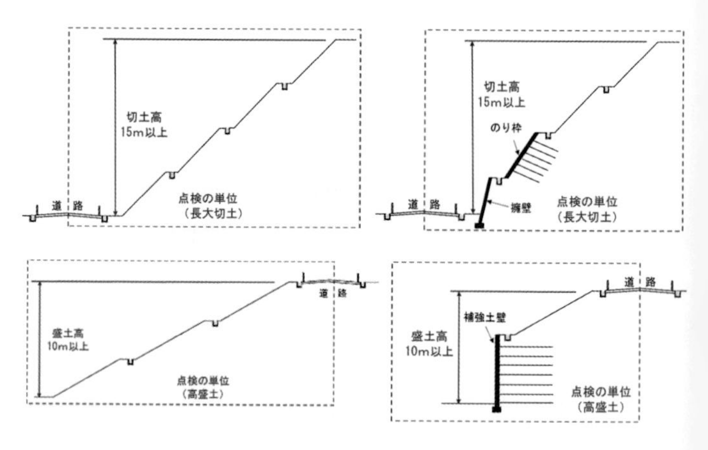

図2.2-7 長大切土、高盛土の例

（c）河川隣接区間の盛土または擁壁

直轄版点検要領では、P9に記載のとおり、特定道路土工構造物として、以下に該当する河川隣接区間の盛土または擁壁が対象となっている。

前面に並行して河川のある道路管理者が管理する盛土または擁壁で、以下の条件のうち「①かつ②」または「①かつ③」に該当するもの。ただし、本条件に該当しても、コンクリート等により三面護岸化された小河川の隣接区間など、あきらかに洗掘のおそれがない区間は除く。

① 道路肩から道路土工構造物の法尻もしくはその前面と河床との接点までの水平距離がおおむね7m以内
② 河床勾配がおおむね1/250より急勾配である箇所
③ 湾曲部等の水衝部になっている箇所（湾曲半径がおおむね120m以下かつ湾曲角度がおおむね20°以上）

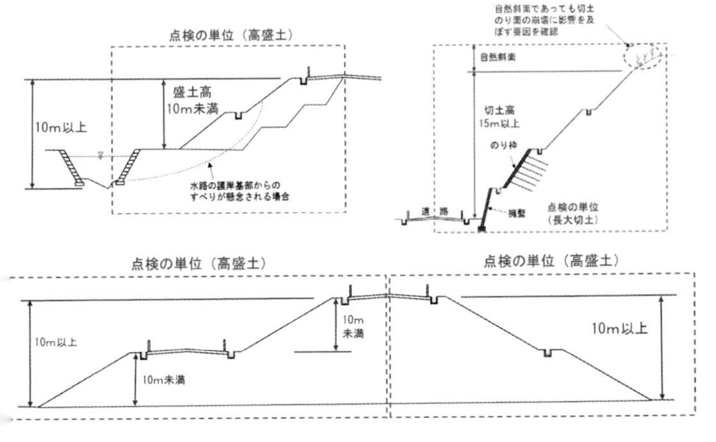

図 2.2-8 特殊な長大切土、高盛土の例

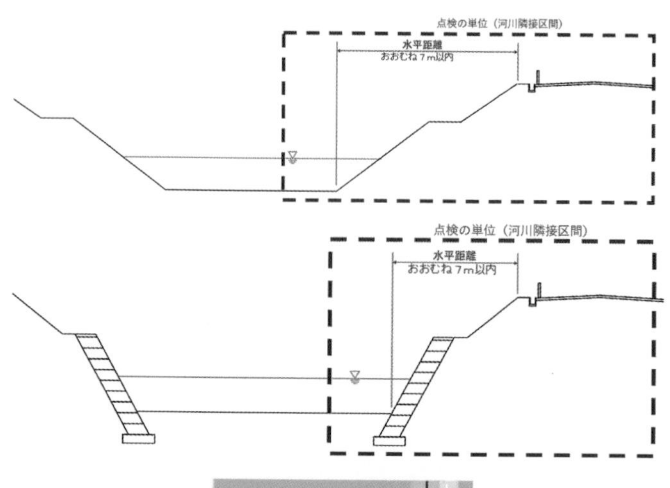

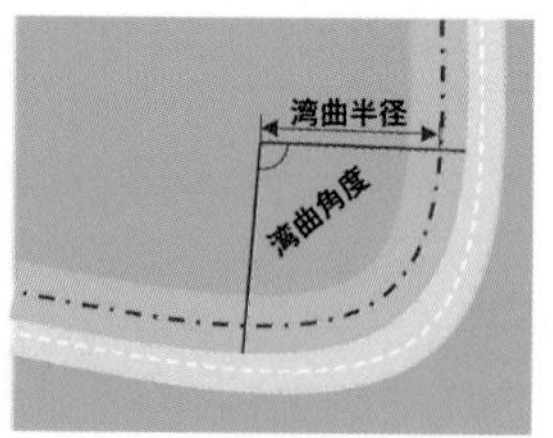

図 2.2-9 河川隣接区間の例

なお、「道路土工構造物技術基準」において重要度１に区分される道路土工構造物は、次の（ア)、（イ）に示すものである。

（ア）下記に掲げる道路に存する道路土工構造物のうち、当該道路の機能への影響が著しいもの

- 高速自動車国道、都市高速道路、指定都市高速道路、本州四国連絡高速道路および一般国道
- 都道府県および市町村道のうち、地域の防災計画上の位置づけや利用状況等に鑑みて、特に重要な道路

（イ）損傷すると隣接する施設に著しい影響を与える道路土工構造物

3. 点検計画

道路土工構造物の点検において、特定土工点検では「5年に1回を目安として道路管理者が適切に設定した頻度」で行うこととされており、「点検を適正に行うために必要な知識と技能を有する者がこれを行うこと」、「点検は近接目視により行うことを基本とすること」および、「点検結果を判定区分に照らし健全性の診断を行うこと」が求められ、これらを踏まえ点検計画を作成する必要がある。一方で通常点検は、変状が認められた道路土工構造物について、巡視中もしくは巡視後に、特定土工点検と同様の方法で「近接目視により診断を行うことを基本とすること」とされている。これらの点検で得られた診断結果や、その過程で得た施設等の状態に関する情報、講じられた措置は、維持・補修・補強等の計画を立案するうえで参考となる基礎的な情報であり、適切な方法で記録し、保存しておかなければならない。

なお、直轄版点検要領では、特定土工構造物の全数について、建設後2年以内に初回の点検を行い、2回目以降は5年に1回の頻度で点検行うこととなっている。また、点検を効率的かつ着実に行うためには、既往資料の調査や現地踏査結果を踏まえて下記の内容等を含めた作業計画書を作成するとよい

- 既往資料の調査
- 現地踏査
- 区域の設定
- 点検項目と方法
- 点検体制
- 管理者協議
- 安全対策
- 緊急連絡体制
- 緊急対応の必要性等の連絡体制
- 工程

（1）既往資料の調査

点検に先立ち、道路土工構造物等の諸元および損傷の状況や補修履歴の把握、点検方法や足場等の資機材の計画立案に必要な情報を得るため、道路施設台帳および既存の点検結果の記録等を調査する。

○既往資料の例

- 道路施設台帳：施設等の基本情報のほか、補修履歴等の情報
- 点 検 調 書　：過去に実施された点検結果（写真、損傷図）等の情報
- 設 計 図 書　：一般図、構造図、設計報告書等
- 路　線　図　：施設等の位置や規制図の作成に利用
- そ　の　他　：必要な情報が含まれるもの

○確認項目

構成施設、施工年次、適用基準、小段等の足場、高所作業車等の必要性、補修補強履歴、被災履歴等を確認するとよい。

（2）点検区域の設定

点検区域の設定にあたっては、地形的な要因等により被災形態が同一と想定され、一般に複数の施設を含む区域を一つとして設定する必要がある。

道路土工構造物点検は、道路土工構造物の安全性（健全性）の診断を目的としており、自然斜面の変状や斜面からの落石・倒木などの災害要因の把握は、本点検の対象とされていない。そのため、点検対象施設から目視できる範囲の自然斜面において発見した事象が、道路土工構造物であるのり面の崩壊に影響を及ぼす要因である場合や、のり面の崩壊に伴う変状がのり面周辺の自然斜面に現れる場合などは、別途、自然斜面を含む区域についても詳細調査や道路の防災上の点検等にて対応する必要がある（図3.1-1）。

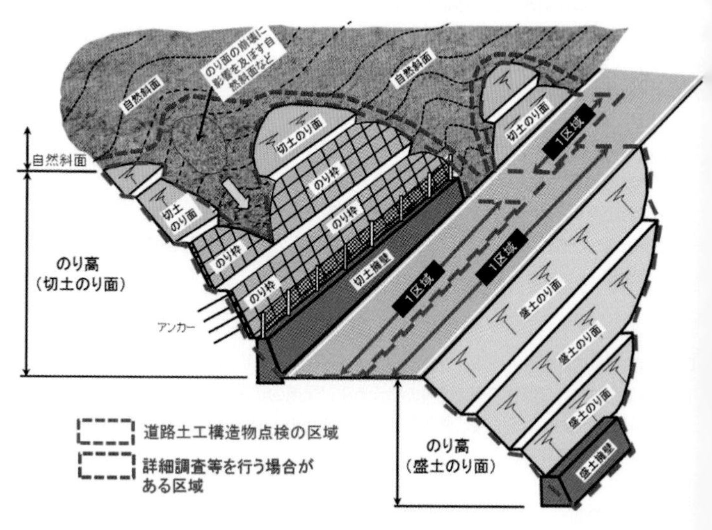

図3.1-1 点検区域の設定

本必携の「5.2.1 点検区域の考え方」も参考にすること。

点検時の装備や使用される道具の例を以下に紹介する。

（1）点検時の装備品の例

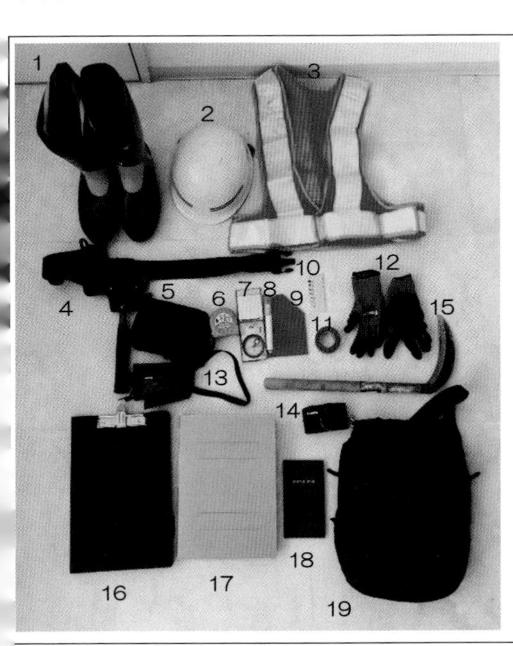

1：長靴
2：ヘルメット
3：安全チョッキ
4：ハンマー
5：筆記用具
6：コンベックス
7：クリノメーター
8：チョーク
9：走向板
10：クラックゲージ
11：ビニルテープ
12：手袋
13：双眼鏡
14：カメラ
15：草刈り鎌
16：画板
17：点検ファイル
18：野帳
19：鞄

写真-3.2.1 点検時の主な装備品の例

その他必要な道具の例としては以下のものがある。

- 黒板
- スプレー、ペイント類
- ピンポール
- タブレット型端末機器
- ヘッドライト
- 身分証明書
- 墜落制止用器具（以下本書では「安全帯」という）
- ロープ
- 救急用品キット

(2) 打音やたたき落としの道具の例

表-3.2.2 打音やたたき落としの主な道具の例

テストハンマー	その他のハンマー
金属製の小型のハンマー。たたき点検に使用する。	点検により第三者被害が想定されるコンクリートのうき等が発見された場合には、可能な限り叩き落とすことが必要である。打撃力のある金属ハンマーやタガネは、コンクリートうき部などのたたき落としに使用する。 

(3) 計測する道具の例

表-3.2.3 計測する主な道具の例

ポール、コンベックス、巻き尺	クラックゲージ
変状や浮石などの長さを測定したり、写真撮影時にスケールとして写し込む。 	ひびわれ幅を測定する器具。 ひびわれ幅の測定は、ひびわれに対して直角に測定する。 
レーザー距離計	**下げ振り**
測定ボタンを押すだけで、レーザーを照射した地点までの距離、傾斜角、高さ（距離と傾斜角から算出）を測定する業務用ツール。幅員や桁下高さ等の計測が可能。 	構造物の傾斜を測定する器具。基準点を設置し、そこからおもりを取付けた糸を下して傾斜の度合いを測定する。 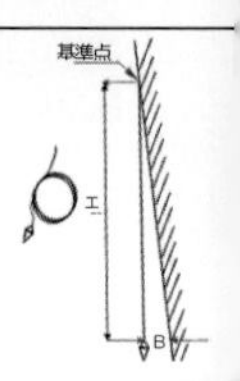
ノギス	**勾配計（スラントルール）**
器具によっては長さを 100 分の 1 ミリメートル単位まで測定できる測定器である。外側測定・内側測定・深さ測定・段差測定ができる。鋼部材の減肉量などの計測に使用する。 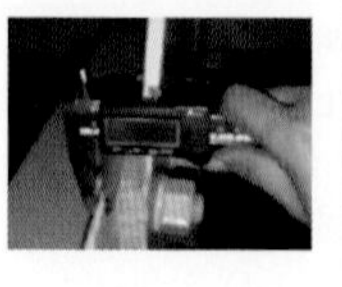	構造物の傾斜や排水施設の勾配を直接測定する器具。 

4. 道路土工構造物の特徴と点検上の留意点

4.1.1 切土

【概要】

計画路床面を現地盤より低くするために地山を切り下げて築造した道路の部分を切土部といい、地山を切り下げて形成された人工斜面から路床面までの部分を切土という。

切土の構築において人工的に形成された土または岩の斜面を切土のり面という。切土のり面には安定するよう一般的にのり面保護施設が設置される。さらに、切土のり面につづく自然斜面の安定性を図る必要がある場合には斜面安定施設が設置される（図4.1.1.-1）。

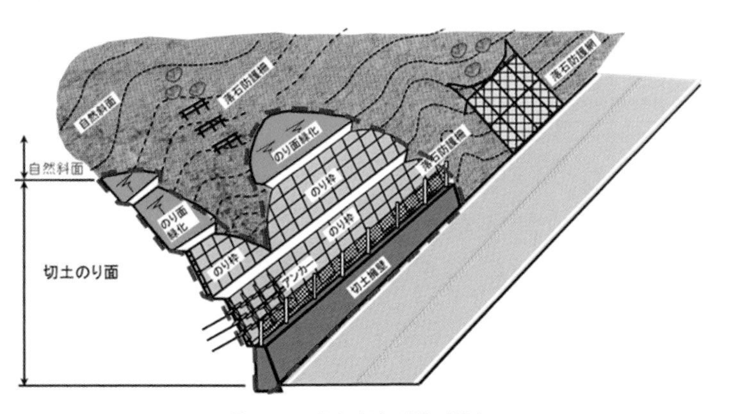

図4.1.1-1　切土　切土のり面の考え方

【特徴】

切土のり面は、年を経るにつれて老朽化し脆弱化する施設であり、地山の不均質性から過去の技術的経験や現場における技術者の判断によるところが多い施設である。

- 現況の切土のり面の把握にあたり、施設管理図、点検・管理記録、地形・地質図のほか、設計図書、施工記録も参照するとよい。
- 設計時には、経験・実績から所定の構造形式や、規模の範囲内であれば妥当とみなせる慣用設計法が用いられている。
- 施工時には、設計時には考慮されなかった調査の不確実性に起因する地山の不均質さや、湧水などに伴い現場で追加対策を実施している場合が多い。
- 維持管理においては、把握した地盤状況の不確実性や風化による経年変化も懸念される。

4.1.1 切土

・切土のり面・斜面の崩壊には表流水あるいは地下水など水の作用が原因となる事例も多い。

（表流水による崩壊事例）

a）降雨・融雪により表流水が発生し、のり面を侵食

b）侵食作用と相乗して表面的なのり面崩壊が発生

（写真4.1.1-1）

（地下水による崩壊事例）

a）のり面から地下水が湧出し、侵食

（写真4.1.1-2）

b）のり面を構成する土のせん断強度の減少による崩壊

c）間隙水圧の増大による崩壊

写真 4.1.1-1 表面的なのり面崩壊

写真 4.1.1-2 地下水の湧出

【点検上の留意点】

点検では、供用中において各施設が目的としている機能を満足しているか確認する。特に切土のり面では各種施設が複合的（のり枠＋アンカーなど）に用いられている場合もあるので各施設の点検のみならず、切土のり面一体として点検することが必要である。見落としがあると点検結果も変わることから、調査に先立ち既存資料等で点検対象のり面に設置されている既存施設を確認するとよい。

その他、切土のり面の点検に際しての留意点を以下に示す。

・切土のり面の崩壊原因として最も多い水の作用に留意する。

・路面の盛り上がり、のり面上部の変状、小段、側溝の変状など、切土のり面の変状がのり面の安定性に及ぼす影響に留意する。

・切土のり面の背後斜面に集水地形がある場合、のり面排水施設が機能するかに留意する。

・排水施設の土砂等による機能低下のほか、供用中に行われた土地開発、道路整備に伴う道路周辺の地表の被覆、地形等の変化した場合などは、排水の集中や機能不足となる場合もあるため周辺状況の変化も記録するとよい。

・のり面からの湧水を発見したときには速やかに処置を行う必要があるため、点検時でも水抜き穴・排水施設の清掃、斜面の土砂が流されない処置等のできる限りの応急措置を行うとともに道路管理者に報告する。

4.1.2 切土のり面　排水施設

【概要】

降雨、融雪により隣接地からのり面や道路各部に流入する表流水、隣接する地帯から浸透してくる地下水、あるいは地下水面の上昇等、水によるのり面や土工構造物の不安定化防止および道路の脆弱化の防止を目的とした施設をのり面排水施設という。

【特徴】

のり面の安定のために設けられる排水施設には表流水を対象とする表面排水と、浸透水、地下水を対象とする地下排水がある。のり面排水施設の種類と機能を表 4.1.2-1 に示す。

表 4.1.2-1 切土 のり面排水施設の種類（H11 道路土工-のり面工・斜面安定工指針に加筆）

目　的	排水施設の種類	機　能
表面排水 （路面、隣接地、のり面の排水）	のり肩排水溝 小段排水溝 縦排水溝	のり面への表流水の流下を防ぐ。 のり面への雨水を縦排水溝へ導く。 のり肩排水溝、小段排水溝の水をのり尻へ導く。
地下排水（のり面への浸透水、地下水の排水）	地下排水 じゃかご 水平排水孔 垂直排水孔 水平排水層	のり面への地下水、浸透水を排除する。 地下排水溝と併用してのり尻を補強。 湧水をのり面の外へ抜く。 のり面内の浸透水を集水井で排除する。 盛土あるいは地山から盛土への浸透水を排除する。

【点検上の留意点】

のり面の崩壊は表流水および地下水に起因することが多いので、排水施設を良好な状態に維持する必要がある。破損のあるところまたは破損の誘因となる事象を早期に発見し適切な措置を図るよう記録する。点検事項、留意点および施設例を以下に示す。

（点検事項）

表 4.1.2-2 切土 のり面排水工の点検事項（H21 道路土工-切土工・斜面安定工指針に加筆）

目　的	排水施設の種類	機　能
のり面の侵食・崩壊防止	表流水の排水施設からの流失	①降雨直後の排水施設の状況 ②排水施設内の土砂、流木の堆積状況 ③のり面の浸食状況 ④排水溝の変状・破損
のり面の崩壊防止	浸透水によるのり面からの湧水	①降雨直後ののり面の湿潤状態 ②のり面からの湧水状況の変化 ③排水孔からの流出量の変化 ④排水孔内の目詰まり状況 ⑤排水施設底部の亀裂および破損

4.1.2 切土のり面　排水施設

（留意点）

- 点検に際して排水系統図など事前に準備し点検にあたるのがよい。
- 降雨直後の点検は排水上の問題点が確認しやすい。
- 縦排水が U 型溝の場合、流水の跳ね出し、裏水による洗掘がないか注意する（写真4.1.2-3）。
- 排水施設の側溝等に落ち葉等がたまったり、擁壁等の水抜きパイプに草が繁茂したり泥砂利が詰まったりして排水機能が損なわれている場合には、点検時にできる限りの対応（応急措置）を行うとともに、速やかに措置を行うように道路管理者に報告する（写真4.1.2-4）。

【施設例】

写真4.1.2-1 のり肩排水溝

写真4.1.2-2 小段排水溝

写真4.1.2-3 縦排水溝
（跳ね出し防止付き）

写真4.1.2-4 水抜き孔
（一部植生繁茂し機能不全）

4.1.3 のり面保護施設

【概要】

のり面の侵食や風化、崩壊を防止するために行う植生や構造物によるのり面被覆等の施設をのり面保護施設という。

のり面保護施設は、構造物によるものと植物によるのり面緑化に分けられる。

【特徴】

のり面保護施設は植生のための基盤の安定を図ることを目的とした小規模のものから、のり面の風化、侵食、表層崩壊の防止を目的とした比較的大規模なもの、さらには崩壊の防止を目的とした大規模なものがある。擁壁、杭、グラウンドアンカーを併用したものは土圧やすべり土塊の滑動力に対する抑止力を期待している。

のり面保護施設の種類と目的を表 4.1.3-1 に示す。

表 4.1.3-1 のり面保護施設の主な種類と目的（H21 道路土工-切土工・斜面安定工指針に加筆）

<table>
<tr><th colspan="2">分　類</th><th>施　設</th><th>機　能</th></tr>
<tr><td rowspan="7">のり面緑化工（植生）</td><td rowspan="3">播種</td><td>種子散布
客土吹付
植生基材吹付（厚層基材吹付）
植生シート
植生マット</td><td>侵食防止、凍上崩落抑制、植生による早期全面被覆</td></tr>
<tr><td>植生筋</td><td>盛土で植生を筋状に成立させることによる侵食防止、植物の侵入、定着の促進</td></tr>
<tr><td>植生土のう
植生基材注入</td><td>植生基盤の設置により植物の早期生育
厚い生育基盤の長期安定を確保</td></tr>
<tr><td rowspan="3">植栽</td><td>張芝</td><td>芝の全面貼り付けによる侵食防止、凍上崩落抑制、早期全面被覆</td></tr>
<tr><td>筋芝</td><td>盛土で芝の筋張り付けによる侵食防止、植物の侵入・定着の促進</td></tr>
<tr><td>植栽</td><td>樹木や草花による良好な景観の形成</td></tr>
<tr><td colspan="2">苗木設置吹付</td><td>早期全面被覆と樹木等の生育による良好な景観の形成</td></tr>
<tr><td rowspan="7" colspan="2">構造物</td><td>金網張
繊維ネット</td><td>生育基盤の保持や流下水によるのり面表層部のはく落の防止</td></tr>
<tr><td>柵
じゃかご</td><td>のり面表層部の侵食や湧水による土砂流出の抑制</td></tr>
<tr><td>プレキャスト枠</td><td>中詰めの保持と侵食防止</td></tr>
<tr><td>モルタル・コンクリート吹付
石張
ブロック張</td><td>風化、侵食、表流水の浸透防止</td></tr>
<tr><td>コンクリート張
吹付枠
現場打ちコンクリート枠</td><td>のり面表層部の崩落防止、多少の土圧を受けるおそれのある箇所の土留め、岩盤はく落防止</td></tr>
<tr><td>石積、ブロック積擁壁
かご
井桁組擁壁
コンクリート擁壁
連続長繊維補強土</td><td>ある程度の土圧に対抗して崩壊を防止</td></tr>
<tr><td>地山補強土
グラウンドアンカー
杭</td><td>すべり土塊の滑動力に対抗して崩落を防止</td></tr>
</table>

4.1.3 のり面保護施設

【点検上の留意点】

点検は施設の機能を理解したうえで、変状により機能低下を生じていないか、切土のり面の崩壊につながるおそれがないか確認する。点検に際しての点検事項、留意点および施設例を以下に示す。

（点検事項）

表 4.1.3-2 のり面保護施設の点検事項（H11 道路土工-のり面工・斜面安定工指針に加筆）

（a）共通点検項目

点　検　事　項
① 湧水や浸透水の状況ならびにその処理
② 水抜きの状況
③ 基礎の洗掘・変形・沈下の有無

（b）個別点検項目

施　設	点　検　項　目
のり面緑化	① ガリ侵食の有無 ② 植生の剥離 ③ 表層のずり落ち ④ 生育状況
石張 ブロック張	① 玉石や雑石の局部的脱落 ② 地震や石の風化等によるゆるみ、亀裂 ③ 裏込土砂の流出、保護施設の陥没 ④ のり面のすべり・崩壊等による保護施設のすべり、沈下、はらみ出し、亀裂 ⑤ 目地部の変状
コンクリート張	① コンクリート部の変形・破壊 ② 裏込土砂の流出 ③ 目地部の変状
モルタル・コンクリート吹付	① 亀裂 ② はらみ出しおよびずり落ち ③ 裏の地山の間のすき間、空洞の有無 ④ 目地部の変状
プレキャスト枠	① 枠内の中詰材のゆるみまたは陥没 ② 枠裏の土砂の流出 ③ 枠の亀裂、はらみ出し
現場打ちコンクリート枠 吹付枠	① 枠内の中詰材のゆるみまたは陥没 ② 枠の亀裂 ③ 目地部の変状 ④ 枠裏土砂の流出
編柵	① 堆積土砂の重みによるずり落ち、侵食による浮上がり状況 ② 杭や編柵の腐食と雨水の流れこみによるずり落ち
石積・ブロック積み擁壁 コンクリート擁壁	① 土砂による目詰まり、ずり落ちの状況
じゃかご	① 鉄線の腐食、つめ石の脱落の有無
井桁擁壁	① 枠の破損・変形 ② 鉄筋棒の変状 ③ 中詰材の土砂化、脱落
補強土 ロックボルト	① 頭部の変状（浮上がり、破損） ② 支圧板の変状（ずり落ち、沈み込み）
グラウンドアンカー	① 頭部の変状（浮上り、破損） ② 支圧板の変状（ずり落ち、沈み込み） ③ 緊張力の測定（計測機器有り）

4.1.3 のり面保護施設

（留意事項）

のり面の崩壊につながるのり面保護施設の変状の主な原因は「施設自体の老朽化」「のり面自体の変形」に分けられる。

変状が施設自体の老朽化が原因による場合は、のり面保護施設が破損、変形した場合でものり面は安定している場合が多い。ただし、事象を長期に放置するとのり面自体の変形の素因ともなる。

のり面自体の変形の原因による場合は、のり面自体が崩壊するおそれがあるので十分に確認する。特に注意すべき事例を以下に示す。

- モルタル吹付面からの湧水（水の侵入による土砂化の可能性）
- 地すべり地帯ののり枠や石張り等のはらみだし（地すべりの可能性）
- グラウンドアンカーが設置されているのり面の変形（アンカーの過緊張や破断の可能性）

また、進行性のものか、のり面全体さらには上方斜面におよぶものかどうかも確認が必要である。

【施設例】

写真 4.1.3-1 モルタル吹付

写真 4.1.3-2 ブロック積擁壁

写真 4.1.3-3 客土吹付、吹付枠、ロックボルト

写真 4.1.3-4 モルタル吹付、グラウンドアンカー

【概要】

自然斜面の崩壊等による災害から道路を保護し、または災害の兆候の現れたものに対応するため自然斜面の安定を図る施設を斜面安定施設という。

ここでは、落石防護柵および落石防護網について記載する。吹付、のり枠、アンカー等は、4.1.3 のり面保護施設等を参照する。

【特徴】

落石防護施設は、斜面から落下してくる落石に対して発生源から道路に至る中間地帯（斜面中）または道路際（斜面下部）に設置して道路および通行車両を防護するための施設である。

落石防護柵はＨ鋼、ワイヤーロープ等の部材を使用し、比較的小規模な落石を対象としている。施設を分類すると次のような形式がある。

① ワイヤーロープ金網式

H 鋼を支柱とし、ワイヤーロープ、金網を取り付け、部材の弾性変形により落石のエネルギーを吸収するもの（図 4.1.4-1）。

② H 鋼式

H 鋼を支柱とし、H 鋼の横坑およびエキスパンドメタルを取り付けたもの（図 4.1.4-2）。

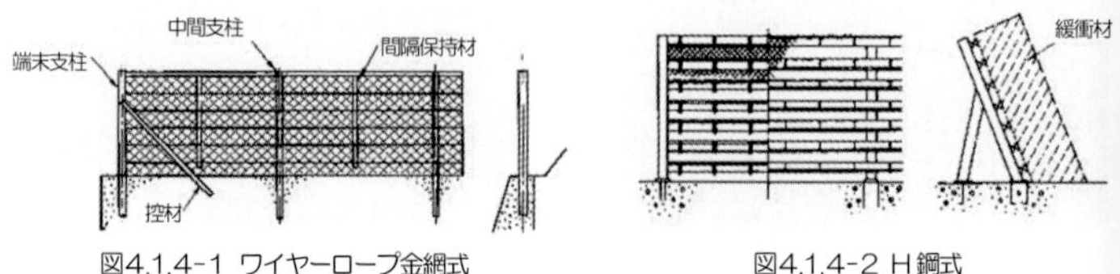

図4.1.4-1 ワイヤーロープ金網式　　図4.1.4-2 H 鋼式

落石防護網は金網、ワイヤーロープ等の軽量部材を使用し、落石発生のおそれのある斜面を覆うことで落石に対応する。施設を分類すると次のような形式がある。

① 覆式落石防護網

地山と結合力を失った岩石（落石）を金網と地山の摩擦および金網の張力によって拘束するもの（図 4.1.4-3）。

② ポケット式落石防護網

吊りロープ、支柱、金網、ワイヤーロープ等からなり、上部に落石の入り口を設け、斜面下方を覆うことで、金網に落石が衝突し落石のエネルギーを吸収するもの（図 4.1.4-4）。

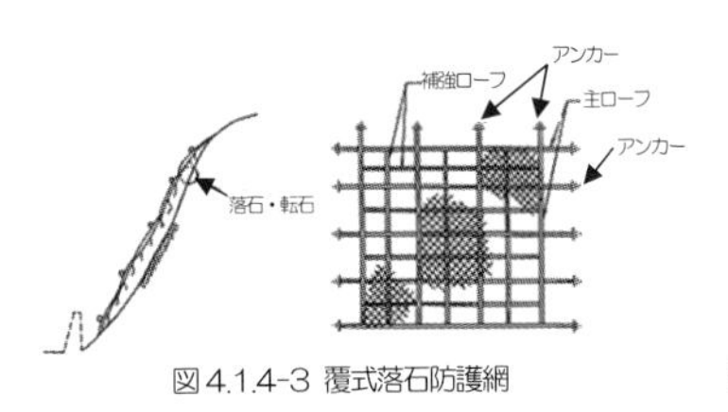

図4.1.4-3 覆式落石防護網

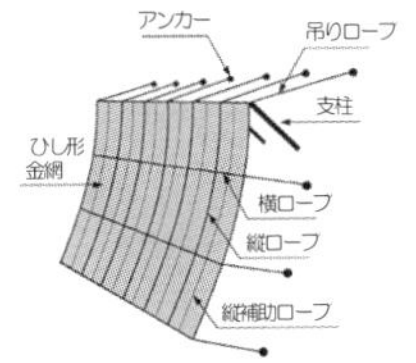

図4.1.4-4 ポケット式落石防護網

【点検上の留意点】

落石防護網は金網の破損や、取り付け金具の変形等を放置すると危険であるため、点検時に発見した場合には早急な補修となるよう記録する必要がある。落石防護網の設置部で年月を経て斜面に植生が繁茂している場合には表層の風化が進行し、より規模の大きい崩壊を引き起こす危険性があるので注意する。

落石防護柵は落石を受けることを前提としていることから、変状により機能低下を生じていないか確認する。落石の形跡がある場合には何らかの変状が生じている可能性が高い。点検時点では機能低下がなくとも損傷により鋼材の腐食等を生じて劣化することもあるので注意する。また、落石はその後の対策に重要なものであることから落石の記録と落石へのマーキングも行う（写真4.1.4-1）。

写真4.1.4-1 落石へのマーキング

なお、施設に土砂が多量に堆積している場合には、柵への死荷重の増加や衝突位置が変わるなど設計条件と大きく異なるおそれもあるため排除するよう記録する必要がある。

その他、点検に際しての点検項目を以下に示す（表4.1.4-1）。

（点検項目）

表4.1.4-1 落石防護施設の点検事項
（H21 道路土工-切土工･斜面安定工指針に加筆）

施設		点検項目
落石防護施設	落石防護柵 落石防護網	①支柱の曲がり、破損 ②基礎部分の変形、破壊 ③ロープの緩み、破断 ④ネットの緩み、破断 ⑤鋼材の損傷、腐食 ⑥クッション材の散逸 ⑦岩塊、土砂、木幹等の貯留

4.2.1 盛土

【概要】

計画路床面が原地盤より高いために現地盤上に土を盛り立てて構築した道路の部分を盛土部といい、路体および路床の部分を盛土という。

盛土の変状としては以下のようなものがあり、特に沢地形や傾斜地盤上の盛土は注意が必要である。

1）盛土の自重による変状・崩壊

2）異常降雨等による変状・崩壊

3）地山からの地下水浸透による変状・崩壊

4）地震による変状・崩壊

5）地山の地すべり等に起因する盛土の変状

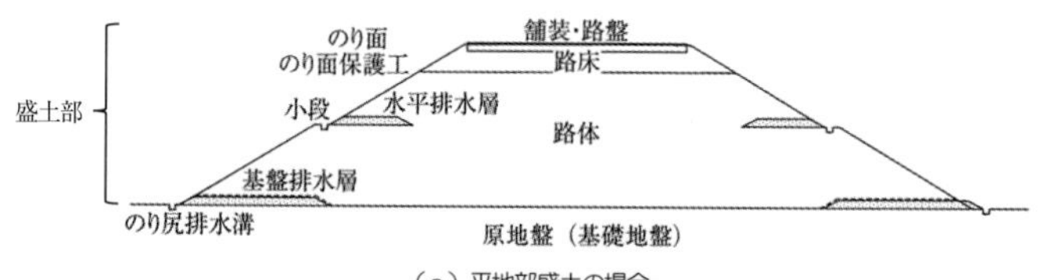

（a）平地部盛土の場合

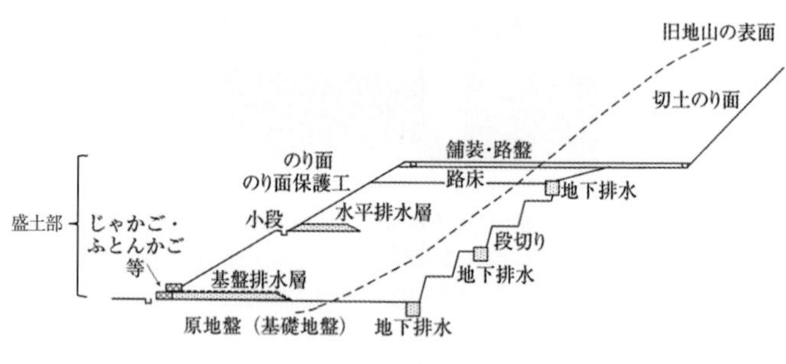

（b）片切り片盛りの場合

図 4.2.1-1 盛土の主な構成要素

4.2.1 盛土

【特徴】

1）地形・地質の多様性

盛土が構築される箇所の地形・地質等の現地条件は多様であり、隣接した箇所でも大きく異なることがある。また、建設後の盛土の健全性・安定性は、地盤・地山条件とそれへの対応の良否に左右される程度が高い。

2）盛土材料・性質の多様性

盛土材料には、切土工事やトンネル工事等からの建設発生土あるいは土取り場から採取・運搬された土が利用され、これらの材料は粒度分布や組成等が不均一である。

また、盛土材料はその素材としての組成・成因だけでなく、締固めの程度や気象条件の変化に伴う含水状態等によっても、その物理的・化学的性質が大きく変化し得る。

3）盛土の安定性の支配要因

豪雨・地震等に対する盛土の安定性は、基礎地盤の処理、盛土材料の品質、締固めの程度、水の処理に極めて強く依存する。特に豪雨・地震の盛土の崩壊事例では、排水処理に問題がある場合が多い。

写真 4.2.1-1 高盛土の施工事例

近年では設計施工技術の発展により規模の大きい土工構造物の建設も可能となっており、盛土高が 10mを超えるような高盛土の施工事例（写真 4.2.1-1）も増えている。

4.2.1 盛土

【点検上の留意点】

盛土は年月を経るにつれて一般に安定化する傾向にあるが、排水施設の変状や設計の想定を上回る湧水等により脆弱化していく場合もあるため、適切な対策により効率的な維持管理を図るためには、変状を把握することが重要である。盛土の点検における着眼点を、図 4.2.1-2 に示す。

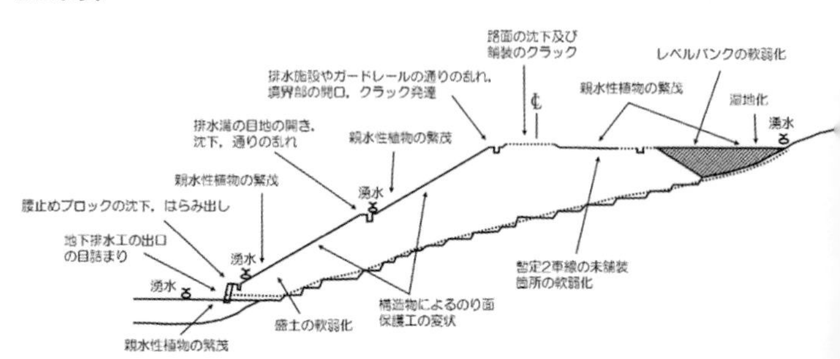

図 4.2.1-2 盛土の点検における着眼点

点検では路面の亀裂（写真 4.2.1-2）、側溝の変形等の変状、あるいは湧水（写真 4.2.1-3）、のり面のはらみ出し（写真 4.2.1-4）等が発見された場合には、大事に至らないうちに早期の補修・補強を行う必要がある。

また、橋台背面などの構造が変化する箇所の盛土の変状は、隣接構造物への影響や路面段差の原因ともなることから留意する必要がある。

写真 4.2.1-2 路面の亀裂

写真 4.2.1-3 のり面からの湧水

写真 4.2.1-4 はらみ出しによる
小段排水溝の変状

4.2.2 盛土のり面　排水施設

【概要】

盛土の構築において人工的に形成された斜面を盛土のり面（写真 4.2.2-1）という。

盛土のり面は、盛土としての要求性能に適合した形状を保つために十分な強度を保持する構造とするとともに、降雨・地震等の外的要因に対しのり面保護工等により耐久性を確保する構造としている。

また、のり面を流下する水の流速抑制や排水施設（写真 4.2.2-2）の設置とあわせ維持管理における点検スペースの役割を有する小段が設けられている。

のり面排水施設に関する【特徴】や【点検上の留意点】については「4.1.2 のり面排水施設」も参考にするとよい。

【特徴】

盛土の被害は降雨や地山からの浸透水等が原因となって生じることが非常に多く、排水が機能していない盛土では通常の降雨でも崩壊することがある。また、地震時において崩壊が生じた盛土でも、盛土内の水の存在が被害の程度に大きく影響していることがわかっている。

盛土は排水施設の機能低下等により表面水が集中し表層崩壊に至るケースや片切り片盛り部や沢部を埋めた盛土で、地山からの浸透水による間隙水圧の上昇やパイピング現象により崩壊に至るケースが多い。

水を原因とした盛土の崩壊は、のり面を流下する表面水により侵食・洗掘されることによる崩壊と、浸透水により盛土のせん断強さが減少するとともに間隙水圧が増大することから生じる崩壊に分けられる。この両者を防止するためには、排水施設が適切に機能している必要がある。

写真 4.2.2-1 盛土のり面

写真 4.2.2-2 排水施設（小段排水）

4.2.2 盛土のり面　排水施設

山間部の谷地形や傾斜箇所の盛土においては地山からの湧水や浸透水に対する地下排水施設等（図4.2.2-1）の設置状況について事前に確認しておくとよい。

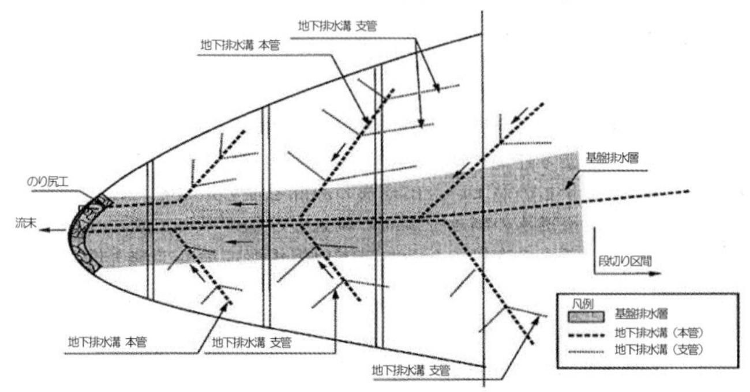

図4.2.2-1 地下排水溝および基盤排水層の設置例

【点検上の留意点】

- 表面水が局部的に集中する箇所や路面の変形等により排水勾配が変化し流下能力が不足している箇所からのオーバーフローによる盛土の洗掘や崩壊、表面排水施設の合流部や屈曲部における跳水やアスカーブの欠損部等からの出水による盛土の洗掘や崩壊に至る場合があるため、水路周辺などに洗掘が発生していないかを確認する。
- 表面水が集中する箇所の排水施設が機能しているか、浸透水を盛土外に排出するための基盤排水層や水平排水層が機能しているか、のり尻部等における盛土材の流出、河川等による侵食はないか、などを確認する。
- 排水施設の断面が土砂等の堆積により機能低下を起こしていないか、滞水していないか、流末処理の能力は十分か、などを確認する（写真4.2.2-3、4.2.2-4）。

写真4.2.2-3 谷埋め盛土の横断排水施設（呑口）

写真4.2.2-4 谷埋め盛土の横断排水施設（吐水口）

4.2.3 のり面保護施設　のり面緑化・のり面保護構造物

【概要】

盛土のり面保護施設には、植物によるのり面保護施設（のり面緑化）と、構造物によるのり面保護施設（のり面保護構造物）があり、のり面の侵食や風化を防止し、のり面の安定性を図るとともに、必要に応じて自然環境の保全や修景を行う構造となっている。

【特徴】

のり面緑化（写真 4.2.3-1）は、のり面に植物を繁茂させることによってのり面の表層部を根で緊縛し、雨水による侵食の防止や、寒冷地では凍上による表層崩壊を抑制する効果がある。植物の根系は比較的表層にとどまるため、深い場所のすべりを直接防止する効果はない。

のり面保護構造物には、のり面の風化・侵食などの表層崩壊の防止を目的としたもの、深層部に至る崩壊の防止を目的にしたもの等各種ある。のり面保護構造物のうち、擁壁、杭、グラウンドアンカーを併用したコンクリート枠等は、ある程度の土圧や土塊の滑動力に対する抑止力を有するが、他ののり面保護施設は土圧や滑動力が働くような不安定な箇所に設置するものではない。

【点検上の留意点】

のり面の大規模な崩壊につながる予兆としては次のような事象があげられる。

- のり面のはらみ出し
- のり面のひびわれ（特に水平方向のひびわれ）や段差
- 舗装面のひびわれ（円弧状やのり面に平行なひびわれ）や段差
- 侵食による水みちの形成
- 小崩落（写真 4.2.3-2）

特にのり尻付近の変状は大規模な盛土崩壊につながる可能性が高いため注意が必要。

写真 4.2.3-1 のり面緑化

写真 4.2.3-2 小崩落

【概要】

土砂の崩壊を防ぐために土を支える構造物で、土工に際し用地や地形等の関係で土だけでは安定を保ち得ない場合に造られる構造物を擁壁という。

擁壁が土砂の崩壊を防ぎ、道路交通の安全かつ円滑な状態を確保するための機能を果たし、災害を未然に防止するためには、建設に先立って十分な調査を行い、適切な設計・施工を実施するとともに、常に適切な維持管理を行わなければならない。

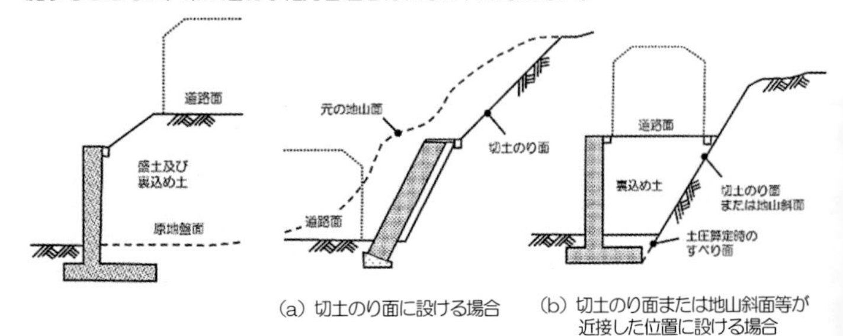

(a) 切土のり面に設ける場合　(b) 切土のり面または地山斜面等が近接した位置に設ける場合

図 4.2.4-1 盛土部擁壁　　図 4.2.4-2 切土部擁壁

【特徴】

擁壁は、主要部材の材料や形状、力学的な安定のメカニズム等によりさまざまに分類されるが、主にその構造形式や設計法の相違により分類すると、コンクリート擁壁（写真 4.2.4-1)、補強土壁（写真 4.2.4-2)、軽量材を用いた擁壁およびその他の擁壁に大別される（図 4.2.4-3)。

擁壁は、特に水の作用による影響を大きく受ける。維持管理が不十分で路面排水や表面排水等の排水施設が機能を果たさないと、盛土や裏込め土に水が侵入し、裏込め土等の脆弱化や背面土圧の増加等により変状・損傷が生じる原因となる。また、これを放置した場合には、集中豪雨や大規模な地震が起きた際に大きな災害に至ることがある。さらに、補強土壁のように各種の部材を用いた擁壁では、周辺環境によっては使用している部材に経年的な劣化が生じることがある。擁壁が所要の機能を果たし、災害を未然に防止するためには、変状・損傷をできるだけ早期に見出す点検、その結果に基づく適切な補修・補強等を継続して実施する維持管理が大切である。

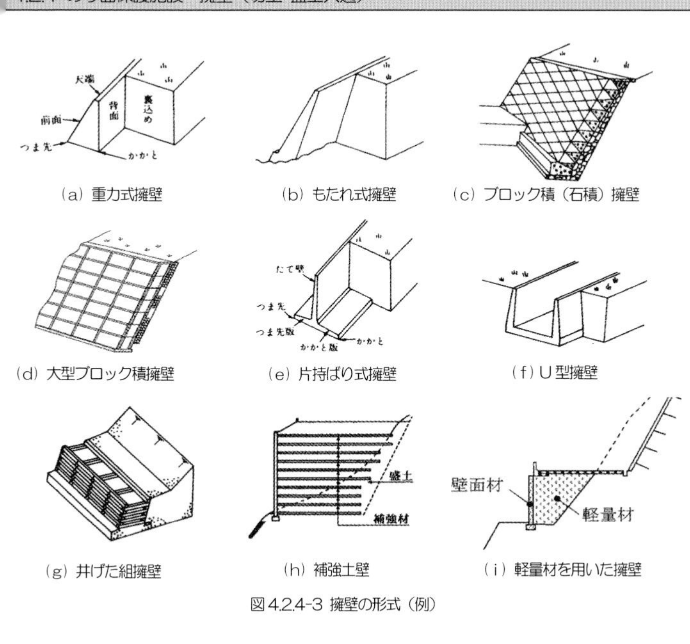

（a）重力式擁壁　（b）もたれ式擁壁　（c）ブロック積（石積）擁壁

（d）大型ブロック積擁壁　（e）片持ばり式擁壁　（f）U 型擁壁

（g）井げた組擁壁　（h）補強土壁　（i）軽量材を用いた擁壁

図 4.2.4-3 擁壁の形式（例）

写真 4.2.4-1 コンクリート擁壁

写真 4.2.4-2 補強土壁

4.2.4 のり面保護施設　擁壁（切土･盛土共通）

【点検上の留意点】

- 擁壁の変状・損傷の発生形態は、図 4.2.4-4 に示すように多様である。
- 設置箇所における地形、地質、土質等（素因）に、地震、降雨、地下水、湧水等（誘因）の影響が加わることが変状・損傷要因の大半である。
- 集水地形の箇所に設置された擁壁、斜面上に設置された擁壁、軟弱地盤上に設置された擁壁等で変状、損傷が発生することが多い。
- 擁壁は一般に縦断方向に長い構造物であり、横断および縦断方向において設置箇所の条件が変化する場合があることにも留意する必要がある。
- 擁壁が設置されたのり面の崩壊には、①、②の２つの場合がある。
  ①擁壁自体が土圧に抵抗しきれずに崩壊する場合（図 4.2.4-4（a）（b）（f）（g））
  ②擁壁を含む広く深い範囲が崩壊する場合（図 4.2.4-4（c）（d）（e））
- 擁壁の変状のみに着目するのではなく、擁壁の変状をのり面全体の変状の一部として大局的に捉えて点検および健全度の評価を行うことが重要である。擁壁の点検項目と着眼点を表 4.2.4-1 に示す。

表 4.2.4-1 擁壁の点検項目と着眼点

点検項目	着　眼　点
ひびわれ ゆるみ はらみ	たて壁や壁面材等に欠落または崩壊に結びつくひびわれ、ゆるみ、はらみ出し、または角欠け等はないか また、その進展のおそれはないか
沈下 移動 倒れ	倒壊に結びつく沈下、移動、または倒れないか また、その進展のおそれはないか 背面盛土に段差や亀裂等の異常はないか
目地の異常	壁面の目地のずれ、開き、目違い、または段差はないか また、その程度はどうか 目地から盛土材のこぼれ出しはないか
洗掘	基礎または本体の周辺は洗掘されていないか また、その進展のおそれはないか
排水 漏水	水抜き孔や目地からの出水、にごり、水量の変化、または排水溝や排水管、水抜き孔に詰まりはないか
鉄筋の露出 腐食	主構造部分の主鉄筋が露出したり、腐食していないか また、その進展のおそれはないか
舗装 附帯構造物等 の変状	舗装面に段差やクラック、笠コンクリートや防護柵の基礎等にひびわれ、段差損傷はないか 隣接構造物の損傷や目地の開き等の変状はないか

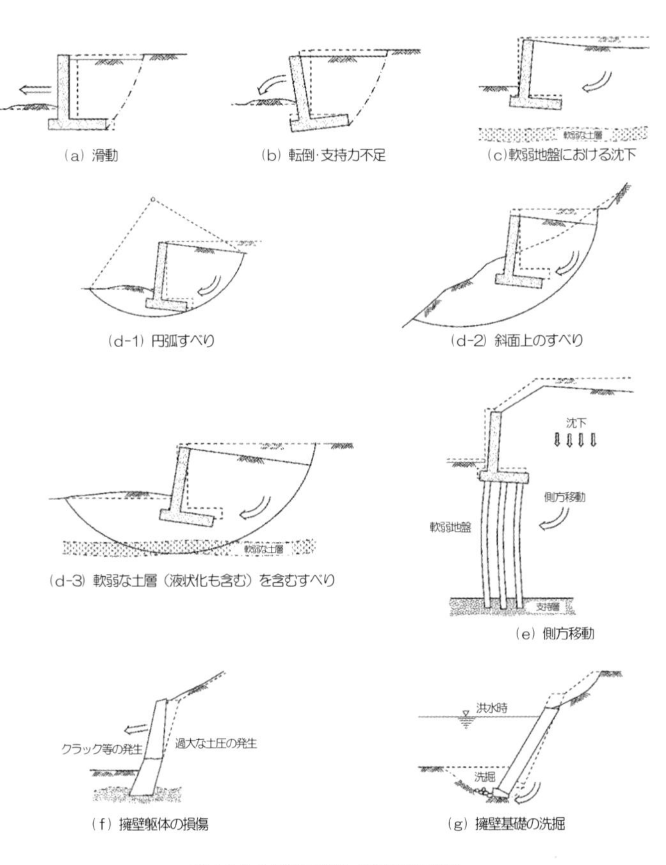

図 4.2.4-4 擁壁の変状・損傷の発生形態

【概要】

道路の下を横断する道路、水路等の空間を確保するために、盛土または原地盤内に設けられる構造物をカルバートという。

カルバートの種類としては以下のようなものがある。

使用材料による分類
- 鉄筋コンクリートによるもの
- プレストレストコンクリートによるもの
- コルゲートメタルによるもの
- 硬質塩化ビニルによるもの
- 強化プラスチック複合材（FRPM）によるもの
- 高密度ポリエチレンによるもの

写真 4.3-1 鉄筋コンクリート

写真 4.3-2 プレストレストコンクリート

写真 4.3-3 コルゲートメタル

写真 4.3-4 硬質塩化ビニル

写真 4.3-5 強化プラスチック複合管

写真 4.3-6 高密度ポリエチレン

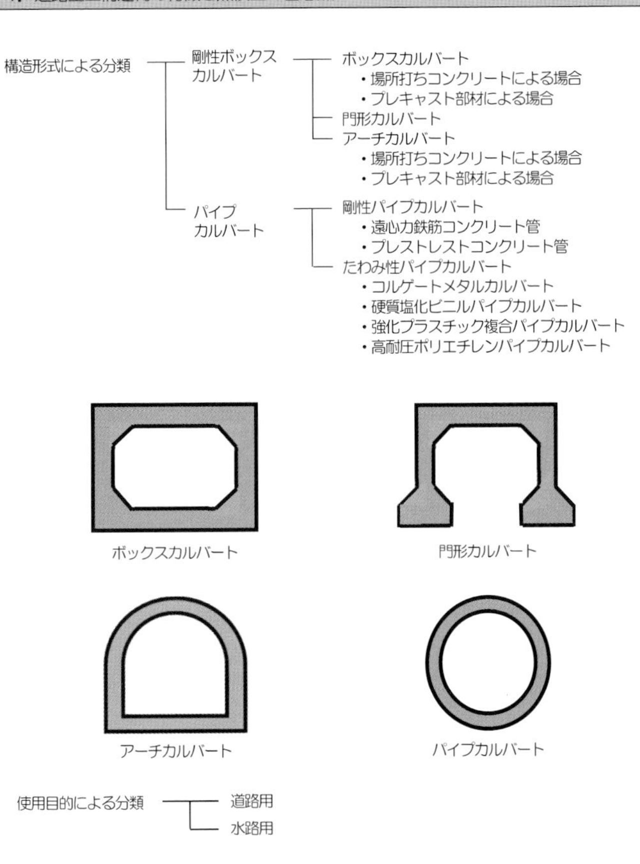

図 4.3-1 カルバートの種類

【特徴】

カルバートには、例えば、水路カルバートにおけるカルバート周辺盛土等の流出による陥没、基礎地盤やカルバート周辺盛土・原地盤の変形の影響による段差やひびわれなどさまざまな変状が生じることがあることから、使用目的やカルバート周辺の環境等に留意し点検する必要がある。

また、構造物の健全性はもとより、頂版からのコンクリート剥落等による道路利用者等への被害防止の観点からの点検も重要である。

【点検上の留意点】

カルバートの点検においては、カルバート本体とあわせ、カルバートの上部道路、カルバート内部の道路や水路が点検の対象となる。

カルバートは直接目視により点検が可能な内空と、直接目視により点検が不可能である盛土や原地盤内に接した面がある。不可視部分となる箇所については、上部道路の路面の状況や盛土のり面の状況等から変状の予兆を見つけることが重要であり、そういった予兆を見つけた場合においては、必要に応じて一部掘り返して確認するなどして、診断に必要となる状態の把握を行う。

点検における主な留意点については、次のとおりである。

1) カルバートの上部道路
- カルバート付近の路面に滞水や溢水が生じていないか
  ※使用目的が水路カルバートの場合、吸い出しにより空洞が発生しているおそれもあるので注意が必要。
- カルバートと一般盛土部との段差により走行性に支障が生じていないか
- カルバートと一般盛土部との境界付近に不同沈下が生じていないか

2) カルバート内部の道路や水路等
- 内空断面や水路の通水断面が確保され、必要な機能を発揮しているか
- 取付道路面と内部道路面の段差
- 照明等の附属物の取付状態に不具合が生じていないか

3) カルバート本体
- ひびわれや漏水はないか
- 継手（連結部・遊間部）のずれ、開き、段差等の異常はないか
  ※プレキャスト部材の場合は、接合部の変状の有無も確認
- コンクリートのはく落、うき、鉄筋の露出や腐食はないか
- コルゲートメタルの場合は摩耗や腐食が生じていないか、継手部のボルトやナットの緩みはないか

5. 点検の実施

5.1 点検実施フロー

5.2 点検対象の範囲

5.3 特定土工点検の留意事項

5.4 通常点検の留意事項

5.5 安全管理

道路土工構造物の点検に関するフローは下図のとおりである。

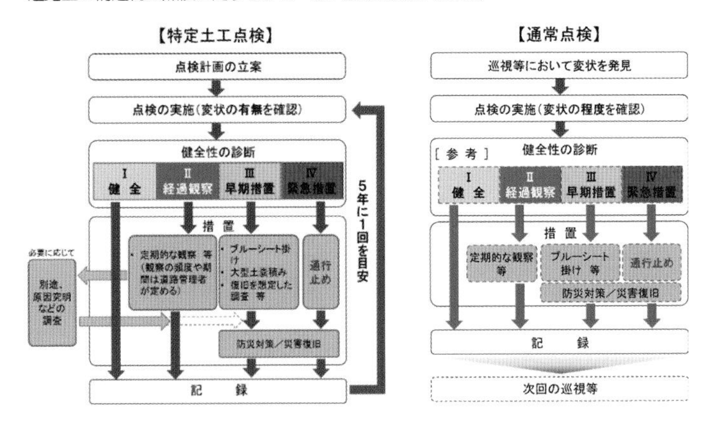

図5.1-1 道路土工構造物点検のフロー

点検実施フローにおける通常点検と特定土工点検の最も大きな相違は、点検を実施するまでの対象の抽出である。道路土工構造物のマネジメントにおいては、巡視などの手段により変状を検知した後、速やかに事後対応を行うという考え方の踏襲を基本としている。一方の特定土工点検は道路のマネジメントの効率性の観点から特定土工構造物を抽出して点検を実施するものである。橋梁などの定期点検では、まず点検の対象となるすべての構造物のリストが存在し、そのすべてに対して計画的にかつ網羅的に点検を行っていくこととなる。しかし、道路土工構造物の通常点検では、そのストック量の多さに鑑み、巡視等の機会を活用した点検の枠組みを構築していることとなる。このことから、異常なしという診断について、巡視等で変状が検知されていないというものと、巡視等で変状が検知されて通常点検として診断した結果として健全と診断されたものが存在するので、後者については通常点検のフローに従って記録を残すこと等により、これらを混同しないよう留意しなければならない。なお、直轄版点検要領においては、巡視等により変状等が検知された道路土工構造物に加え、令和３年度まで防災カルテ点検として実施していた道路区域内の道路土工構造物の点検については通常点検における経過観察に位置づけられる。

なお、直轄版点検要領では、判定区分「Ⅲ」「Ⅳ」と診断された場合、実施された措置に対して効果確認を行う。効果確認では、必要な措置を講じた結果、主たる発生原因に対し対策等が直接的かつ安定的に機能し、診断の根拠となった変状等の進行が停止し、道路土工構造物の安定性が向上したことを確認するものとする。

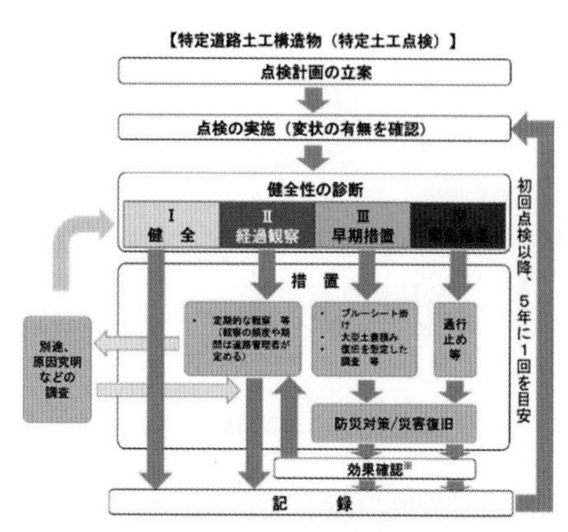

図 5.1-2 直轄国道における特定道路土工構造物点検のフロー

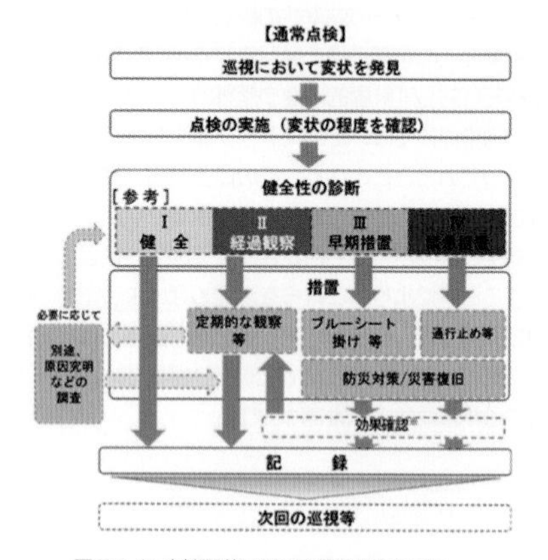

図 5.1-3 直轄国道における通常点検のフロー

5.2.1 点検区域の考え方（自然斜面を含む範囲）

点検の単位は、複数の施設を一つの道路土工構造物ととらえたものを１点検区域として設定することとしている。

これは、道路土工構造物の特徴として、「想定される一つの発生源に対して擁壁、吹付け、グラウンドアンカー等の複数の道路土工構造物を配置し機能を組み合わせることによって、道路の安全性を確保する」（道路土工構造物技術基準・同解説ｐ17）ことがあるためである。

実際に発生する災害は、斜面だけをとっても表層すべり、深層崩壊、地すべり、土石流、落石等、多種多様であり、場合によっては複数の災害が組み合わさり、より複雑な形態となることもある。通常点検を実施する契機となる「変状」に着目することは重要であるが、変状の形態や種類にとらわれすぎると、道路土工構造物の深部や内部で発生しているより深刻な災害の兆候を見過ごすことになりかねないので留意が必要である。

例えば一つの大きなすべりに対して、基部で擁壁や押さえ盛土、中上部でグラウンドアンカーを組み合わせて大きなすべりを抑止しつつ、表層の浅いすべりに対しては吹付やのり枠などで抑止をするといったことがある。この場合、大きなすべりの抑止効果としては擁壁、押さえ盛土、グラウンドアンカーの効果を合算する形で設計が行われているのが普通である。このうちの一つの道路土工構造物が機能を喪失することが契機となり、大きなすべりを誘発することが考えられる。

基本的には、その道路土工構造物が設置される際に想定されている災害を考えて、その危険性を検討することとなる。しかしながら道路土工構造物のもう一つの特徴として、「施工が終了して供用を開始した時点でもすべての不確実性を解消することは困難であること」（道路土工構造物技術基準・同解説ｐ16）があり、設計の段階で想定していた以上の作用が実際に作用し、その結果として変状が生じることもある。当初の設計も重要な資料であるが、施工の過程で当初設計に変更が行われている場合や設計図書における構造物の座標と実際に施工された座標が異なっている場合もあるため、当初の設計図書と点検時点の構造物の位置や形状を単純に比較すると、構造物に生じている変状を過大・過小に見誤ることもあることから、その取り扱いには注意が必要である。

道路土工構造物点検は、道路土工構造物という人工構造物に対して健全性を診断する行為であり、建設にあたって手を加えていない自然斜面や地山の変状そのものに対する診断・評価は本点検では行わない。ただし、道路土工構造物の診断にあたっては、将来道路土工構造物に変状を来すおそれのある要因を考慮して診断を行うことが重要であり、近傍の自然斜面や地山の変状等も視野に入れる必要がある。

自然斜面や地山の変状に対する診断・評価については、別途、詳細調査等にて対応する必要がある。

5.2.1 点検区域の考え方

通常点検が、すべての道路土工構造物の備えるべき安全性の確保の観点から、網羅的に実施されるのに対し、特定土工点検は規模の大きな道路土工構造物が被害を発生させた場合には、その復旧には多大な時間を要する場合があり、社会的影響も大きいことから一部の土工構造物を抽出して、道路のマネジメントの効率性の観点から実施するものである。したがって、特定道路土工構造物の定義として、切土や盛土の高さを示してはいるが、その背景には被災時の社会的影響を小さくするという目的が存在することは留意すべきである。なお、長大切土について、補足的に「『小段３ 段より高い切土のり面』としてもよい」、高盛土について、補足的に「『小段2段より高い盛土のり面』としてもよい」としているのは、より効率的に特定土工点検を実施するための便宜的な方法として設定したものである。既述のとおり、特定土工点検の対象は道路土工構造物の規模が大きなものであるから、実際の盛土や切土の規模を考慮して対象を決定するとよい。

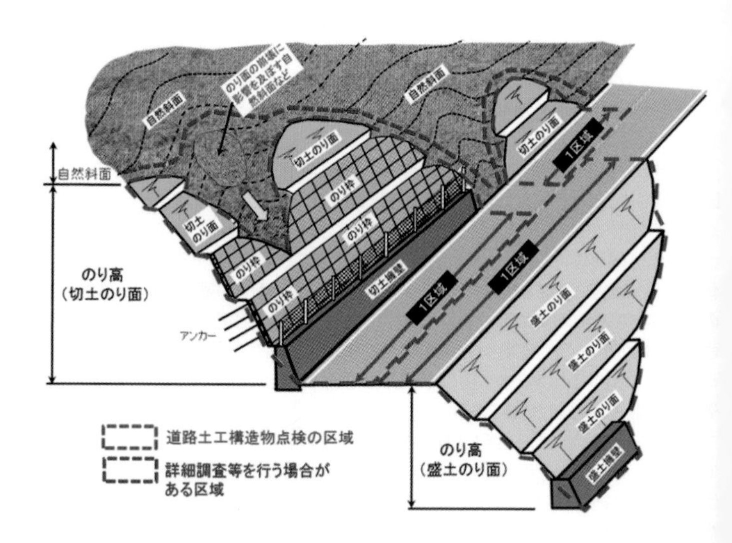

図 5.2.1-1 点検区域の設定（再掲）

5.3.1 近接目視点検の留意事項など

点検の方法は「特定土工点検の頻度は、5年に1回を目安として道路管理者が適切に設定する。」「特定土工点検は近接目視により行うことを基本とする。」としている。

特定土工点検における「近接目視」とは、点検対象の道路土工構造物に、路上からだけではなく小段やのり肩等、対象物に接近して変状の有無や程度を観察する方法をいう。

近接目視を実施するためには、事前の点検計画において点検ルートを確認し、必要に応じて除草の実施や点検時期を草木が枯死する時期にする等の配慮、および小段足場や高所作業車を準備する等が必要である（写真 5.3.1-1、写真 5.3.1.-2 参照）。

写真 5.3.1-1 点検用通路を設置した事例

写真 5.3.1-2 高所作業車による点検

さらに、道路土工構造物の点検では、のり面崩落に影響を及ぼす変状を把握し評価する必要があることから、のり面を構成する施設を含め、全体を俯瞰してみることも重要である。道路土工構造物は一見同じ変状であっても、その原因や発生メカニズムが多様であり、構成要素の大半が自然素材の土砂や岩石が占めており、さらには土中を直接見ることができないなど、多くの不確実性を内包している。よって、特定土工点検における近接目視においては、のり尻、のり肩、小段等からの目視によるのり面全体の変状確認と、のり面の変状に影響を及ぼす施設の状態確認を実施することが重要となる。

5.4.1 巡視等から通常点検の流れ

【点検の方法】

・道路土工構造物の通常点検は、巡視等により変状が認められた場合に実施する。
・点検は、変状が認められた道路土工構造物について、巡視中もしくは巡視後、近接目視等により行うことを基本とする。

写真 5.4.1-1 パトロールカーによる巡視

【点検の流れ】

・巡視等により変状が認められたときは、点検へ移行、または巡視後に管理者は速やかに点検を実施する。
・点検は近接目視等により実施し、小段やのり肩等対象物に接近して、のり面や関連施設の変状の程度、災害時における被災等による交通への影響を確認する。
・巡視等の際に認められた変状が軽微な場合には、巡視の機会を通じた変状の把握および措置・記録による管理とすることも考慮する。

写真 5.4.1-2 切土小段上での近接目視

【点検の留意点】

点検においては、道路利用者および点検に従事する者の安全確保を第一に、労働基準法、労働安全衛生法その他関連法規を遵守するとともに、現地の状況を踏まえた適切な安全対策を実施することが重要である。ここでは供用させながら点検を行うことが多い実状を踏まえて、特に交通規制（片側交互交通・車線規制）、高所作業における安全管理上の主な留意点と昨今発生する急な大雨等の異常気象時および危険生物への対応に関する主な留意点について示す。

なお、供用下の道路や斜面以外の箇所において点検を実施する場合も労働安全衛生法その他関連法令を遵守するとともに適切な安全対策を講じるものとする。

1）交通規制における留意点

供用中の道路において交通規制を行い点検を実施する際には、警察、関係機関等と十分な協議、打合せを行うとともに関係法令等を遵守のうえ安全に行わなければならない。

なお、片側交互交通および車線規制を行う際の主な留意点は次のとおりである。

・道路あるいは通路上での作業には、必ず安全チョッキを着用する。
・規制区間の起終点は、規制区間が運転者に十分視認され、安全に停止できる箇所とすること。
・規制区間前後の道路線形や交通量に応じて、停止車両への追突防止の観点から規制区間の手前から点検予告板を設置することについても考慮すること。
・規制区間には、必要に応じた交通誘導員を配置し、道路標識、保安灯、カラーコーンまたは矢印板を設置する等、常に交通の流れを阻害しないよう努めるとともに、作業区域への第三者の立ち入りを防止する。

なお、交通整理員の配置、道路標識の設置等においては、「道路工事保安施設設置基準（案）（建設省道路局国道第一課通知昭和４７年２月）」を参考にするとよい。

2）高所作業における留意点

切土やのり面保護施設等において、のり面勾配が40°（おおむね１割２分勾配）以上で、かつ、高さが 2m以上の高所で点検（高所作業）を行う場合は、墜落や点検道具の落下等について十分、注意し実施する必要がある。

なお、「高所作業」に該当しないのり面であっても必要に応じ、安全帯の着用と安全帯を取り付けるためのロープの設置などについても検討する。

高所で点検を実施する場合の留意事項は、下記のとおりである。

・手すり等を設けるか安全帯を使用するなどの措置をとらなければならない。
（労働安全衛生規則第５18条、第５19条、第５21条）
・足場、手摺、ヘルメット、安全帯の点検を始業前に必ず行う。
・足場、通路等は常に整理整頓し、安全通路の確保に努める。

・高所作業では、用具等を落下させないようにストラップ等で結ぶ等、十分注意する。
・ロープ高所作業を行う場合は、メインロープ以外に、安全帯を取り付けるためのライフラインの設置、作業計画の策定、特別教育の実施などが必要となるので留意する。
（労働安全衛生規則第36条40、第539条の2～9）
・斜面での上下作業は、飛来落下の危険を生じるおそれがあるため、極力避けることが望ましいが、やむを得ず上下作業を行う場合には、適切な防護措置を講じる。
（労働安全衛生規則第536条～538条）
（（墜落による危険を防止するためのネットの構造等の安全基準に関する技術上の指針（労働省公示第8号昭和51年8月6日））
・降雨後や凍結のおそれがある場合等において切土や盛土の点検を行う場合は、滑倒対策としてスパイク付きの長靴等の使用を検討する。
・現道または民家等に近接している場所で打音検査やコンクリートの剥離やうきなどのたたき落とし等の措置を行う場合には、ほかの労働者をはじめ道路利用者や第三者への被害防止の観点から、点検箇所への立ち入り防止対策、飛来落下防止対策等必要な措置を講じる。
（労働安全衛生規則第536条～538条）
（建設工事公衆災害防止対策要綱　第101 落下物に対する防護）
（墜落による危険を防止するためのネットの構造等の安全基準に関する技術上の指針（労働省公示第8号昭和51年8月6日））

3）異常気象時等の対応

点検においては、常に気象や地震情報の入手に努め、天気の急変が予想される場合や地震発生後には速やかに点検を中止するなど安全を確保することが重要であり、事前に雨量や風速、震度等安全管理に必要な項目についてその基準値を設定しておくことが望まれる。気象の変化や地震に伴う主な留意事項は次のとおりである。

・気象や地震情報を確認し、急な雨が予想された場合や地震後は、点検を一時中止すること。点検を再開する際には、切土、盛土においては、土砂崩れ、崖崩れ、崩壊等の危険について十分確認するとともに、河川敷等から点検するような場合は、雨が上がった後の増水や異常出水、海岸付近においては津波に留意する必要がある。
・予期しない強風が吹き始めた場合には、特に高所での点検では、点検を一時中止すること。この際、物の飛散が予想されるときは、飛散防止措置を施す必要がある。
・雷光と雷鳴の間隔が短い時は、作業を中止し安全な場所に退避させること。また、雷雲が直上を通過した後も、雷光と雷鳴の間隔が長くなるまで作業を再開しないこと。

なお、屋外においても携帯電話（スマートフォン、フィーチャーフォン）により気象情報を入手することが可能※であるので、気象情報についてはこまめに確認し、天候の急変に備えることが重要である。

※気象情報は、さまざまな機関により多様な方法で広く一般に提供されており、気象庁のホームページにも携帯電話（スマートフォン、フィーチャーフォン）による気象情報の入手方法について紹介されている。

4）危険生物対策

熊の生息地や蜂・毒蛇などの危険生物生息のおそれがある箇所での点検においては、熊鈴、クマスプレーの携行、スズメバチの対策では明るい色の服装の着用、また、毒蛇対策としては長靴、ゲイターを履くなどの対策に留意する必要がある。

5）熱中症対策

点検は、直射日光を遮るものが少ないのり面での作業となることが多く、特に気温が高くなる夏期には熱中症対策が必要である。熱中症対策の主な留意事項は、以下のとおりである。

- 水分や塩分をこまめに補給する。
- 身体を適度に冷やすことのできる氷、冷たいおしぼり等の物品を備える。
- 作業中の温度および湿度の変化が分かるように温度計、湿度計等を設置する。
- 日陰や冷房室（車）等の涼しい休憩場所を確保する。
- 適度な休憩時間、作業休止時間を確保する。
- 作業服は吸湿性、通気性のよいものを着用する。
- 健康診断結果を踏まえ、適切な健康管理、作業員の適正配置を行う。
- 作業前後、作業中に作業員の健康状況を確認する。
- 安全ミーティング、朝礼等で熱中症の予防について話し合い、作業員の意識を高める。

6．健全性の診断

切土のり面の安定は、主として地山の自重とせん断抵抗のバランスのうえで保たれているが、豪雨や地下水の浸透等による地山強さの低下および間隙水圧の増大や土砂の流動化、人工的な切土による自重とせん断抵抗のバランスの変化、地震による振動等によってその安定が乱されることにより、崩壊が発生することがある。

切土のり面の崩壊形態は以下のようなものがある。なお、これらの崩壊形態の詳細については「道路土工－切土工・斜面安定工指針」を参考とするとよい。

1）侵食

- 切土のり面の表面が表流水によって侵食される現象。
- 切土のり面が未固結の地層で形成されている場合や、のり面表層の風化・ゆるみが著しい場合は侵食されやすい。岩盤の切土のり面であっても細かな亀裂が発達し表層の風化・ゆるみが著しい場合は侵食されやすい（地質的な素因）。
- 切土のり面が集水地形直下にあり上方斜面からの表流水が集中しやすい箇所、のり肩排水や小段排水が不十分で切土のり面上を表流水が流下する箇所、排水溝に沿って排水溝からあふれた水が流下する箇所（写真 6.1-1）は侵食されやすい（水理的な素因）。

写真 6.1-1 排水溝周辺の侵食事例（写真中央縦排水溝の左側赤丸）

・侵食が拡大すると崩壊に至る可能性がある。また、排水溝周辺の侵食が進むと排水溝自体の変状・損傷を招き（写真 6.1-2、6.1-3）、本来排水溝で排水されるべき水がのり面や周辺斜面に流入して侵食・崩壊に至る可能性がある。

写真 6.1-2 縦排水溝の破損事例
周辺の侵食によって排水溝の部材が本来の位置からずれて目地の開きが生じており（写真赤丸）、水が排水溝から周辺地盤に流入しやすい状態となっている。

写真 6.1-3 のり肩排水溝の破損事例
周辺の侵食によって排水溝の部材が本来の位置から完全にずれてしまっており（写真中央赤丸）、排水機能が失われている。

2）表層崩壊

・切土のり面の表層部が崩壊する現象。

・切土のり面が未固結の地層で形成されている場合、のり面表層の風化が著しい場合は崩壊しやすい。岩盤の切土のり面であっても亀裂が発達し表層の風化・ゆるみが著しい場合は崩壊しやすい（地質的な素因）。

・切土のり面が集水地形直下にあり上方斜面からの表流水が集中しやすい箇所（写真 6.1-4）、切土のり面上を流下する表流水が集中しやすい箇所、すでに侵食が生じている箇所およびその周辺、排水溝からあふれた水が集中しやすい箇所は崩壊しやすい（水理的な素因）。これらは降雨時に崩壊が発生しやすい箇所であるが、すでに侵食が生じている箇所およびその周辺については、侵食により急崖となっている場合があり、その場合は地震によっても崩壊する可能性がある。

写真 6.1-4 集水地形直下の切土崩壊事例（写真赤丸）

湧水が認められる箇所は地下水が地表へ流出する箇所であるため、降雨時の浸透水が集中しやすく、また水による風化が進んでいる可能性もあるため、崩壊しやすい（水理的・地質的な素因）。

・のり面に樹木が侵入している場合（写真 6.1-5）は、根の侵入により地山のゆるみが生じて崩壊しやすくなっている可能性がある。また、樹木が大きく成長している場合は、樹木の健全性や樹種によっては、風雨などにより倒木根返りし、表層部が崩壊する可能性がある。

写真 6.1-5 樹木が侵入した切土のり面の事例

・降雨、地震、融雪等の明確な誘因がないときに崩壊が繰り返し発生する場合は、より大きな崩壊の予兆である場合や、上方の自然斜面からの地すべり等の変動が原因である可能性がある。

3）落石・岩盤崩壊

・切土のり面から岩石が落下または崩壊する現象。個数で表現される少量のものを落石、体積で表現される大量のものを岩盤崩壊という。岩盤を切土したのり面で発生するほか、土砂の切土のり面であっても礫や岩塊を含む場合（土石流堆積物、扇状地堆積物、岩塊を含む火山噴出物等）は礫が抜け落ちて落石となる場合がある。
・岩盤の切土のり面のうち、亀裂が発達し、かつ亀裂の開口が進んでいる場合（写真 6.1-6）、亀裂面がのり面に対し流れ盤となっている場合は崩壊が発生しやすい（地質的素因）。

(a) 切土のり面全景

(b) 崩壊跡の岩盤（上写真の赤丸内）
風化により亀裂が発達、一部開口

写真 6.1-6 亀裂が発達した岩盤切土のり面の崩壊跡の事例

・亀裂が発達している岩盤の切土のり面でのり面保護施設が無施工の場合または劣化等により保護機能が失われている場合は、表面の岩片や岩塊が落下する場合がある（写真 6.1-7）（地質的素因）。

写真 6.1-7 亀裂が発達した岩盤切土のり面（のり面保護施設なし）からの岩塊の落下事例（写真赤丸）

・整形された切土のり面の中に凸部が存在する場合（写真 6.1-8）は、岩塊を残している場合が多く、地震時等に変状、落下または崩壊する可能性がある（地質的素因）。

(a) 地震直後

(b) 約 1 ヶ月後、降雨で崩壊

写真 6.1-8 切土のり面の凸部の変状・崩壊事例（写真赤丸）

- 降雨、地震、融雪、凍結融解等が誘因となるほか、長期的な風化・ゆるみによって明確な誘因がない時に発生することも多い。また、強い地震の後では数時間～数日遅れて発生する場合もある。
- のり面に樹木が侵入している場合は、根の侵入により岩盤のゆるみが生じて崩壊しやすい条件になっている可能性がある。また、樹木が大きく成長している場合は倒木または樹木が強風等によって激しく揺さぶられることにより根の部分の岩塊が落下する可能性がある
- 降雨、地震、融雪、凍結融解等の明確な誘因がないときに小落石や小崩壊が繰り返し発生する場合は、より大きな崩壊の予兆である場合や、上方の自然斜面からの地すべり等の変動が原因である可能性がある。

4）ロックボルト・グラウンドアンカーの特徴

・ロックボルト（鉄筋挿入工、地山補強土工、切土補強土工、盛土補強土工とも呼ばれる。以下ロックボルトと呼ぶ）やグラウンドアンカー等の斜面安定施設は、これらが単独で設置されることによって斜面の安定を確保していることは少ない。すなわち、のり枠や擁壁といった他の土工構造物と組み合わせて斜面の安定をはかっていることから、それぞれの土工構造物の変状だけで、切土のり面の健全性を評価するのは難しい。
切土のり面にのり枠と組み合わせて多数のグラウンドアンカーが施工されているため、グラウンドアンカー単体の健全性と切土のり面の健全性を評価するのが難しい。このような場合には、「グラウンドアンカー維持管理マニュアル」[16)]にグラウンドアンカーの健全性調査の結果に基づくのり面の健全性評価の事例が紹介されているので参考にするとよい。

・グラウンドアンカーの健全性は外観目視点検だけでは判断できない。そのため、のり面の外観目視点検でⅡ以上の判定となった場合（グラウンドアンカーがⅠであったとしても）には、頭部キャップを外して行う頭部詳細検査や残存緊張力調査（リフトオフ試験）等の詳細調査を実施して、グラウンドアンカーの健全性を把握する必要がある。

・ロックボルトもグラウンドアンカーも斜面安定工として施工されるが、それぞれの機構が異なることに注意する必要がある。ロックボルトはのり面に棒鋼を挿入して、斜面を安定化させる工法である。ロックボルトの場合、斜面のすべりが発生し始めてからヘッド部のナットにより変形が抑制される待ち受け構造（引き止め効果）となっている。したがって、ロックボルトは斜面変動が発生するまでは挿入した棒鋼がせん断抵抗力としてすべりに抵抗しており、より大きな変状が発生した場合にはヘッド部のナットがストッパーとしての役割を発揮してアンカーの機能を発揮する。これに対してグラウンドアンカーは想定したすべり土塊に対して、グラウンドアンカーに緊張力を導入することによって、せん断面でのせん断抵抗力を増加させてすべりを抑制する（締め付け効果）と、斜面変状に伴って緊張力が増加して待ち受け的に発揮される効果（引き止め効果）を併せ持つものである。

・ロックボルトには大きな緊張力を作用させないため、頭部キャップおよび受圧プレートがグラウンドアンカーのものに比べて小さい（おおむねキャップ径が 10cm 以下、支圧板の厚さが 10mm 以下）のが特徴であるが、のり枠幅の情報も取り入れて判断することが重要である（表6.1-1、写真 6.1-9 および写真 6.1-10 を参照）。

表6.1-1 アンカー工とロックボルトののり枠幅からの判断目安

種　別	枠幅 200mm 以下	枠幅 300mm	枠幅 400mm	枠幅 500mm 以上
アンカー工	×	△	○	◎
地山補強土工等	◎	○	△	×

◎：可能性が非常に高い　○：可能性が高い　△：可能性は低い　×：ほとんどない

写真 6.1-9 グラウンドアンカーの頭部キャップの事例

写真 6.1-10 ロックボルトの頭部キャップの事例

写真 6.1-11 グラウンドアンカーとロックボルトの併用事例

盛土崩壊は、のり面の表層部の浅い崩壊と路面に影響するような深い崩壊の２つに大別することができる。

1）浅い崩壊の特徴

・主として比較的降雨強度の強い雨に伴い、比較的水が浸透しやすくかつ侵食されやすい土質ののり面で発生しやすい。

・発生パターンとしては、路面や排水施設の不良等による流入水によるガリ侵食から発展するケースと、のり面の浸透水により表層部が滑るケースがある。

a）ガリ侵食から発展する場合の特徴

・路肩部や小段等の排水溝からの流水等により肩部周辺の表層の浅い部分が侵食され（写真6.2-1）、そのエリアが徐々に拡大し流動的に崩壊する形態をとることが多い（写真6.2-2）。

写真 6.2-1 路肩部のガリ侵食（初期）

写真 6.2-2 流入水による流動的崩壊

・一般的には盛土のり面のごく浅い位置で生じて崩壊規模は比較的小さい。

・路面等からの雨水の流入がしやすい構造となっている箇所（写真 6.2-3）では注意が必要

・降雨が継続してのり面への雨水の流入やのり面からの浸透水が増大すると、降雨と流入水の状況によっては崩壊箇所周辺部はゆるみが生じているため遷移的に崩壊エリアが拡大し路面に影響するような崩壊に進展することもある。

・特に流入範囲が広い場合には広範囲に崩壊するので規模によっては路面への影響を生じることもある（写真 6.2-4）。

写真 6.2-3 構造端部の流下水によるガリ侵食

写真 6.2-4 路肩部からの広範囲の崩壊

b）のり面からの浸透水でのり面表層が滑る場合の特徴

- 小規模から中規模のものとさまざまであり、崩壊に至らなくとものり面内にはらみだしや亀裂が確認される（写真6.2-5、6）。
- 変状の範囲が大きくなると排水施設にも影響することもある（写真6.2-7）。

写真6.2-5 のり面のはらみだし

写真6.2-6 のり面の亀裂

写真6.2-7 はらみだしによる排水施設の損傷

・透水性の低い材料で構築された盛土で、植生基盤として砂質系の土を用いて植生工が行われている場合には、施工直後で植生が十分に活着していないと植物の根系による保護効果が発揮されないため、その境界で層状に崩壊することもある（写真6.2-8）。

・浅い崩壊が生じたのり面では、亀裂や崩壊面から盛土内に雨水が浸透しやすい状態となるため、その後の降雨で崩壊範囲および規模が拡大し、盛土の規模および降雨状況によっては路面に影響するようなのり面崩壊に至ることもある。

写真6.2-8 植生工施工直後の表層崩壊

2）深い崩壊の特徴

・一般に降雨の影響のほか盛土を構築した地形等の地盤条件および地下浸透水の影響も受けて発生する。

・切盛り境、片切片盛、谷埋め（沢埋め）盛土等の傾斜面上に構築した盛土（図6.2-1）に注意が必要。

・上記の盛土は背後地の斜面に降った雨が集水しやすい地形（集水地形）上にあり、背後地に降った降雨が表流水としてのり面に流下しやすい。

・さらに地盤に浸透した雨水が盛土背面地盤から盛土内に浸透水として流入してくるため盛土内の水位が上昇し不安定になりやすい。

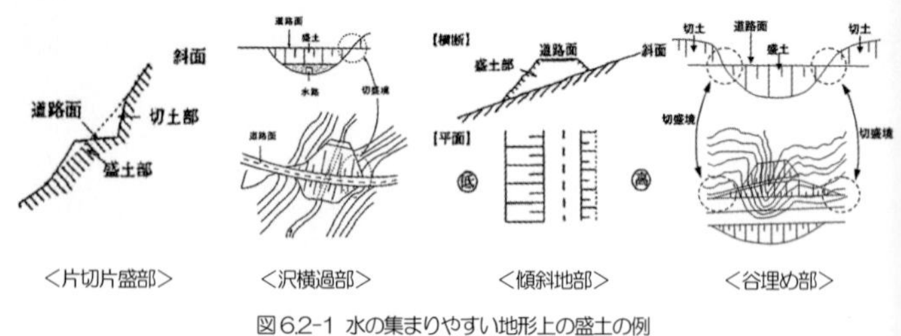

図6.2-1 水の集まりやすい地形上の盛土の例

・このような箇所では、背後地からの表流水および浸透水を排水するための十分な排水対策を行うことが必要である。
・古い盛土では、背後地からの流水の処理のための横断排水や基盤排水層等の浸透水に対する排水対策が行われているケースはほとんどなく、細粒分が多く比較的保水性の高い土質の盛土では長期的に水が浸入して盛土内の水位が高くなりやすい。
・特にレベルバンク部で排水構造が不十分なため水がたまりやすくなっているような箇所（図 6.2-2）など、水が集中し滞水しやすい構造となっているところは特に注意が必要である。

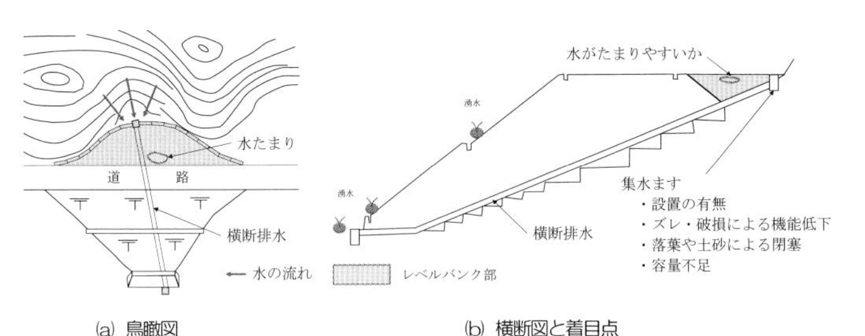

(a) 鳥瞰図　　　(b) 横断図と着目点

図 6.2-2　沢部を埋めた盛土のレベルバンク部の着目点

・集水地形上の盛土で崩壊の危険性がある箇所では、一般に山側も湿潤状態であるとともにのり尻付近でも湧水がみられ泥濘化している場合が多く（写真 6.2-9）、シダや苔などの親水性の植物が繁茂していたりする。
・また、のり尻付近の表層が部分的に崩落していたりすることもある（写真 6.2-10）。

写真 6.2-9　のり尻部の湧水の例

写真 6.2-10　湧水を伴う部分的な崩壊の例

・降雨時には盛土内の水位の上昇とともにのり尻部が著しく泥濘化し、それに伴い徐々に変状が進行していくため、路面には滑りに起因する沈下により馬蹄形やカスガイ形の亀裂（写真6.2-11、写真6.2-12）が入っていることが多い。
・補修しても繰り返し開口する場合（写真 6.2-13）には変状が進行しているので注意する必要がある。

写真6.2-11 路面に生じた馬蹄形の亀裂

写真6.2-12 崩壊に伴い発生した亀裂・段差

写真6.2-13 路面の補修後に再度発生した亀裂

・谷埋め盛土等の集水地形上の盛土は、地震や豪雨により路面に影響するような深い崩壊形態をとることが多く、場合によっては盛土全体が崩壊することもあり、高盛土では特に大規模な崩壊となりやすい（写真6.2-14）。
・背後斜面からの浸透水や表流水が集水しやすい箇所では、前述したのり面からの雨水が浸透して発生するような表層部の崩壊も、背後からの浸透水や表流水も複合して作用することで路面に影響するような深い崩壊に発展しやすいため注意が必要である。

(a) 地震による崩壊

(b) 豪雨による崩壊

写真 6.2-14 谷埋め盛土の大規模崩壊例

- 沢筋をまたぐような谷埋め盛土の場合には、豪雨時には背後の沢部から大量の雨水が集中して流下してくるとともに、場合によっては土石流が生じることもある。
- 比較的排水性の良い材料で構築した場合でも、横断排水の能力が不十分であったり、土砂等で横断排水施設の口が閉塞したりすると、豪雨時に十分な排水ができず土石流のような形態で盛土全体が流失（写真 6.2-15）することもある。
- 横断排水施設の閉塞の要因としては、背後に十分な砂防施設がない場合だけでなく、砂防施設の許容量オーバーにより土砂等が流出している場合もある。
- このため、沢部をまたぐ盛土では横断排水施設の状況だけでなく背後の砂防施設の状況にも注意が必要である。

写真 6.2-15 豪雨で流失した沢部をまたぐ盛土の例
（土砂で横断排水施設が閉塞）

道路土工構造物の健全性の診断にあたっては、道路土工構造物の安定性、変状の進行性に留意して構造物の健全性を診断し、さらに道路への影響を考慮して診断を行うことが必要である。

道路土工構造物の変状は、道路土工構造物を構成する部材に発生する場合と道路土工構造物を支持する地盤や道路土工構造物に影響を及ぼす周辺地盤等に発生する場合がある。道路土工構造物の健全性の診断にあたっては、部材の健全性を考慮しつつ、道路土工構造物の健全性の診断となるよう注意が必要である。

特定土工点検における特定道路土工構造物の健全性の診断は「表 6.3-1 判定区分」により行う。通常の点検は特定土工点検の判定区分を参考として行う。

表 6.3-1 判定区分（再掲）

判定区分	判定の内容
Ⅰ 健全	変状はない、もしくは変状があっても対策が必要ない場合（道路の機能に支障が生じていない状態）
Ⅱ 経過観察段階	変状が確認され、変状の進行度合いの観察が一定期間必要な場合（道路の機能に支障が生じていないが、別途、詳細な調査の実施や定期的な観察などの措置が望ましい状態）
Ⅲ 早期措置段階	変状が確認され、かつ次回点検までにさらに進行すると想定されることから構造物に崩壊が予想されるため、できるだけ速やかに措置を講じることが望ましい場合（道路の機能に支障は生じていないが、次回点検までに支障が生じる可能性があり、できるだけ速やかに措置を講じることが望ましい状態）
Ⅳ 緊急措置段階	変状が著しく、大規模な法愛につながるおそれがあると判断され、緊急的な措置が必要な場合（道路の機能に支障が生じている、または生じる可能性が著しく高く、緊急に措置を講じべき状態）

※なお、診断にあたって、構造物の安定性、変状の進行性、道路機能への影響といった着眼点をもつことが必要。

Ⅰ　健全

健全とは、変状がない、もしくは変状があっても対策が必要ない場合（道路の機能に支障が生じていない状態）である。道路土工構造物の場合、事前の設計はある程度の不確実性を含んでいるため、施工の過程での変更や供用後に発生した変形などによって設計の形状とは異なる形状となっていることがある。設計と現状の相違は変状を確認する際の重要な着眼点ではあるが、それだけにとらわれないことも必要である。

また、対策の要否は道路の機能への支障の有無で判断する必要があるが、そのためには生じている変状がどのような形態の災害につながり、道路機能に支障を生じるかを予測して考慮する必要がある。点検の診断は、変状の発生している道路土木構造物に対して行うものであることを留意する。

Ⅱ　経過観察段階

経過観察段階とは、道路土工構造物における特有の診断結果である。

橋梁等の点検における「予防保全段階」に相当する。予防保全とは、対象となる構造物の劣化シナリオがある程度明確となっており、発見された変状等から、近い将来にその構造物が特定の劣化シナリオによって機能を低下させることが予測されるものについて、具体的な機能の低下が発生する前に対策を講じることで効率的に保全を行うものである。

道路土工構造物の多くは、構造物の劣化の過程である劣化シナリオが明らかになっている訳ではない。つまり将来的に機能の低下を引き起こすおそれがあるが、それがどのようなシナリオによって、どのような状態に至るのかが予測できない状態がしばしば発生する。

たとえば盛土の小段のり面にクラックが発生しているような場合、盛土内部にすべりが発生した結果として表層であるのり面にクラックが発生している場合もあり、あるいは経時的な盛土の沈下変形に伴ってクラックが発生する場合もある。

前者は、診断の時点で盛土の健全性が損なわれていることの兆候であると考えられるが、後者はあらかじめ想定されている範囲内であれば特に盛土の健全性の観点からも、機能の観点からも問題ではない。しかしながらクラックの形態だけから発生したクラックがいずれの種類のものであるかを判断することは難しく、追加のボーリング調査などを行っても明確にならないおそれがある。

一方、後者のような軽微な変状によって発生したものであっても、そのまま放置すると、クラックから雨水等が盛土内部に浸入して盛土を不安定化させ、盛土の崩壊を発生させたり、その後の地震時や豪雨時に盛土の被害の発生を促進する要因となったりすることも考えられる。そのため、明確な原因が特定できないような状態であっても、何らかの措置を講じることが効果的である。

また、沈下に伴う変形のように、道路土工構造物の変状の中にはあらかじめ想定される範囲内であれば機能上も問題のない変状も多い。これらについては、変状の確認後、特段の対応を講じなくても時間の経過とともに変状の進行が停止し、道路土工構造物の安定性などが向上するようなものもある。

このような特性を考慮し、道路土工構造物点検要領における判定Ⅱは、予防保全ではなく、経過観察としたものである。

しかしながら、道路土工構造物の中には鋼構造やコンクリート構造の部材などについて、一般的に劣化シナリオが明確となっており、予防保全対応が可能なものも存在する。これらについては、当初の診断の段階でその後の劣化の進行を予測し、予防保全措置を講じることが望ましく、変状の原因が特定されない場合でも、変状のさらなる進行を抑制するための対策を講じることが望ましい。その場合には、変状が生じた根本的な原因の追及が不可能とならないように注意が必要である。

例えばのり面吹付にひびわれが生じたような場合にひびわれの上部からさらに吹付けを行ったり、コンクリートで表面を覆ってしまったりした場合、ひびわれからの浸水や風化進行に対する抑止とはなるが、ひびわれの進行や周辺での新たなひびわれの発生の観察ができなくなってしまうことがある。吹付け自体の劣化によるひびわれが原因では無く、背後のり面が不安定なために表面にひびわれが生じているような場合では、根本的な問題が解決されておらず、表面の補修によって、その後の兆候も把握できなくなるために、将来におけるさらに深刻な災害を引き起こしてしまうおそれがあることに留意する必要がある。

軟弱地盤上や地すべり地形上の盛土等では盛土の沈下変形によって路面にクラックが発生することもある。このような場合クラックを放置するとそこから雨水が浸入し、盛土を不安定化させるおそれもあるので対応が必要となる。しかし、安易に舗装のオーバーレイなどを行うと、盛土の重量を増大させ、結果としてすべりを促進することにつながるおそれもあるので採用にあたってはその点を考慮する必要がある。

また、Ⅱと診断をした場合は、経過観察の方法を定める必要がある。経過観察の方法は、将来における災害の形態や位置、程度などに応じて適宜定める必要があるが、観察を行う手段、その実施の間隔を定めることが基本である。観察の方法は、できる限り定量的に観察ができる手段を選ぶことが重要である。また単一の方法と期間によるのではなく、比較的頻度の高い路上からのパトロールによる観察と数ヶ月から数年に一度のより精度の高い近接目視による観察と地震時や豪雨時といった異常時の観察を組み合わせるなどすることが有効である。

なお道路土工構造物の特性から、短時間で劣化のシナリオを想定し、措置を検討することが困難な場合もあり、安易にⅡの診断を行うようなことが無いよう注意が必要である。

Ⅲ　早期措置段階

早期措置段階とは、Ⅱ経過観察段階と同様に変状が確認されているが、現在の時点では道路の機能支障が生じていない状態である。Ⅱとの違いは、確認された変状が、現時点および将来において進行あるいは進行が疑われる状態にあり、道路の機能の支障が予想される状態である。進行と将来の機能支障が想定されるということは、変状のメカニズムがある程度明らかになっているということでもある。

Ⅱ からⅢへの移行については、変状の進行によって移行することもあるが、変状そのものに進行がなくとも、経過観察やⅡと診断された後に追加で行われた詳細な調査によって変状に対する評価が変わり、移行することもあり得る。Ⅲと診断をした場合は措置を実施するまでの間の経過観察の方法を定める必要がある。ここでいう経過観察の方法は、Ⅱの経過観察の方法を参考に定めるとよい。

Ⅳ　緊急措置段階

緊急措置段階は、道路の機能への支障がすでに発生している、または発生が確実な状態である。一般に道路土工構造物は適切な設計と施工が実施されていれば、被災を生じた場合でも緩やかに進行すると考えられており、Ⅳの段階が点検で突如発見されることは少ないと考えられる。逆に言えばⅣの段階はすでに緩やかな変状の進行という特徴が損なわれた状態であるとも考えられるので、変状の急速な進行や拡大も想定して対応を講じる必要がある。また、二次被害の防止に向け、調査や対応を行う際には通常よりも一層、安全に留意する必要がある。

6.3.1 構造物の安定性・変状の進行性

道路土工構造物の診断にあたっては道路機能への支障の有無を考慮して行うことが必要である。したがって、診断にあたっては、構造物自体の判定を行って道路土工構造物に起こると想定される現象を特定し、そのうえでその現象が道路機能にどのような支障を与えるかを想定するという二段階の考え方をすることが有効である。

構造物自体の判定にあたっては、道路土木構造物の安定性、発生している変状の進行性の２つの観点からの判定が必要である。

１）道路土工構造物の安定性

構造物自体の安定性は、構造物自体の部材の健全性の観点と構造物としての安定性の観点がある。前者は、主に構造物の部材等が、主に経時的・突発的な事象によって機能を喪失していることを想定する。また、施工時の要因によって当初期待していた機能を有さないことが供用段階で発見されることもここに含まれる。後者は、部材が設計どおりの機能を有しているにもかかわらず、何らかの理由により構造物が不安定化することを想定している。

２）変状の進行性

発生している変状の進行性については、道路土工構造物の特性を考慮する必要がある。道路土工構造物は、ライフサイクルを通じて不確実性を低減させていくものであり、設計の段階では限られた資料等から設計を行うことが一般的である。したがって当初の設計に瑕疵がなくとも、予見し得ない不確実性により、想定以上の作用が道路土工構造物に作用し、結果として不安定化することがあり得る。したがって構造物の安定性の評価を行う際に、当初の設計の妥当性を参考とすることは有効であるが、当初設計の条件における確認が、実際の安定性の確認にはならないことがあることも留意する必要がある。

道路土工構造物は施工が完了した時点ですべての不確実性が解消されているわけではないというのが基本的考え方であり、供用の段階においても残留あるいは進行する変形が許容されている場合がある。例えば上げ越し等による対応、軟弱地盤上の盛土の沈下などはこれに属する。変形・変状は診断を行う際の重要な着目点であるが、単純に変形・変状の有無だけで診断を行うことはできないことに留意する必要がある。

6.3.1 構造物の安定性・変状の進行性

点検の契機となった変状については、2 つの観点を持って評価を行うことが重要である。1 つ目は道路土工構造物に何らかの機能上の問題が発生した結果として生じたもの、2 つ目はその変状が生じた要因とは異なる変状の誘因となることである。

例えば沢部を横断する盛土の背後地を残土処理のために埋め立て、そこに水平排水施設を設置するような場合に、供用後に埋め立て盛土が沈下したために排水施設の勾配が山側に傾斜し、排水施設として機能しなくなる、あるいは排水溝の目地部に開口が発生し、そこから漏水が発生するというような事象が考えられる。盛土背後地の埋め立て土砂の沈下自体は盛土の不安定化とは関係なく一般的に生じうる事象であり、沈下の発生をもって盛土の不安定化を即座に懸念する必要はないが、排水施設の変状と機能障害、さらに漏水等による想定外の場所への雨水等の流入は盛土の不安定化を引き起こす要因となり得る。

一方、同様な変状であっても背後地の埋め立て土の沈下などにより、当初設計で想定している以上の表流水の集中などが起こった場合に、その影響で盛土に想定外の変状が発生することもあり、周辺の流水の痕跡などから、盛土の沈下自体を有害なものとして判断すべき場合もある。

このような変状に着目しつつも、その変状だけにとらわれないよう診断をすることが重要である。

6.3.2 道路機能への影響

1）道路機能への影響と考慮

道路機能への影響を考慮する際には、変状が進行した場合にどのような災害が発生するかを考慮する必要がある。同じ形式の道路土工構造物であっても、道路からの離隔や位置関係によってその影響の度合いは異なる。ある形式の道路土工構造物の変状については、同様の形式、同様の条件で被害があった際、将来の被害の予想には参考となる場合もあるが、形式と変状の程度が同じであっても、道路機能への影響も同じとなるとは限らないことに留意が必要である。

また道路機能への影響は、土工構造物との離隔や位置関係も関係する。また、道路土工構造物の変状の影響を受ける道路の車線数なども通行の可否の観点も関連するため、道路管理者の視点から、これらを考慮した診断を行うことが必要である。

6.3.3 判定の観点

判定にあたっては、以上の着眼点を踏まえ、診断を行うこととなる。

道路土工構造物の健全性の低下は、道路土工構造物自体の機能の低下によるものと道路土工構造物への周囲からの影響によるものがある。変状は道路土工構造物に生じるものもあれば、周辺に生じるものもある。したがって、点検の際に着目する変状から生じる影響、変状を引き起こした影響をバランス良く確認することが必要であり、点検の手順を上流から下流へと一方通行で説明するような「フロー図」で説明することは困難である。

図 6.3.3-1 は、点検を行う際に考慮するべき着眼点を示したものである。

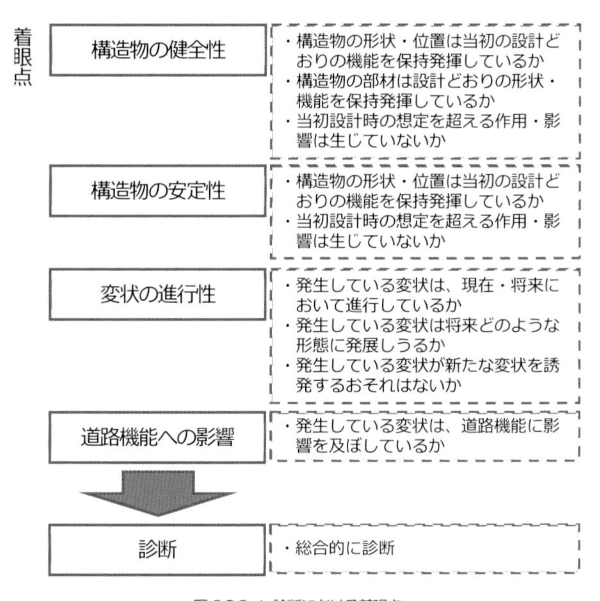

図 6.3.3-1 診断における着眼点

診断にあたっては、道路機能に支障が生じるような変状をできるだけ網羅的に調査するが、最終的には道路の通行の可否等も含めた道路機能への影響の観点から、総合的に診断を行う。

これらは、あくまでも合理的な診断を行うために参考として提示をするものであり、このとおりに診断を下さねばならないというものではないが、道路土工構造物の診断は道路土工構造物自体だけに限らず、周辺の地形・地質や道路との関係などさまざまな要因を考慮して総合的に行うことが求められる。

6.3.3 判定の観点

点検の際に作成する点検記録表様式についても、図 6.3.3-1 の診断における着眼点を踏まえた所見を記載することが望ましい。表 6.3.3-1 に点検記録表様式の健全性診断の所見欄に記載すべき内容（項目）を、図 6.3.3-2 にそれらを踏まえた記入例を示す。また、同内容の所見が記入されている点検記録表様式の例を 8.2（P115）へ掲載しているので参考となる。

表 6.3.3-1 診断における着眼点を踏まえた所見へ記載すべき内容（項目）

項目	内容
① 変状	最終的な判定区分に至った変状を抽出する。
② メカニズム	「① で抽出した変状」が発生している原因を記載する。
（③ 地質的な特徴）	発生原因に地質的な特徴があれば、② にあわせて記載する。
④ 想定される現象	「① で抽出した変状」が発生したことにより、どのような災害が想定されるかを記載する（例えば、表層崩壊、落石、倒壊等）。
⑤ 構造物の安定性	構造物自体（例えば、のり枠、擁壁、カルバート等）の安定性を記載する。
⑥ 進行性	確認された変状が、現時点および将来において進行あるいは進行が疑われている状態にあることを記載する。
⑦ 道路機能への支障の有無	将来において道路の機能に支障が生じる可能性があることを記載する。
措置対応	① ～ ⑦ の内容を総合的に判断し、所定の安全性を確保するための措置対応を記載する（例えば、ブルーシート掛け、大型土のう積、のり面補修・補強等）。

所見記入例（切土の例）（番号は上表と連動）

① 小段コンクリートの亀裂・段差、小段排水溝の閉塞が認められる。
② 溢水した水がのり面に浸透し、表層に緩みが生じたことが原因とみられ、
④ のり面の崩壊が発生する可能性がある。
⑤ 鉄筋挿入の頭部に浮き上がりがみられ、抑止効果が低下しており、
⑥ 次回の点検時に進行性を見極める必要がある。
⑦ 崩壊した土砂が路面に落下し、通行に支障が生じるため、
（措置）のり面内に水が入らないように、排水溝の補修が望まれる。

図 6.3.3-2 記載すべき内容を踏まえた所見への記入例

7. 措　置

7.1 診断結果に基づく措置の基本

7.2 応急措置

7.3 経過観察

特定道路土工構造物の点検・診断を行った結果、判定区分「Ⅲ」または「Ⅳ」の道路土工構造物については、適切な措置を行い、所要の安全性を確保する必要がある。また、判定区分「Ⅱ」の道路土工構造物については、経過観察としての定期的な変状の進行状況の確認、必要に応じて別途、詳細な調査を実施し、必要な措置を判断する。

なお、措置には二次被害防止のための変状拡大防止（ブルーシート掛け等）や、交通機能確保等の緊急措置や応急措置、原因究明や二次災害防止のための経過観察（モニタリング等）、被災の原因に応じた対策（防災対策、災害復旧）などが含まれている。

措置にあたっては、「道路土工構造物技術基準」等を参考にしつつ、変状の発生原因や現地の状況に応じて適切な措置を講じる必要がある。

また、通常点検の場合についても、同様に必要な措置を講じる必要がある。

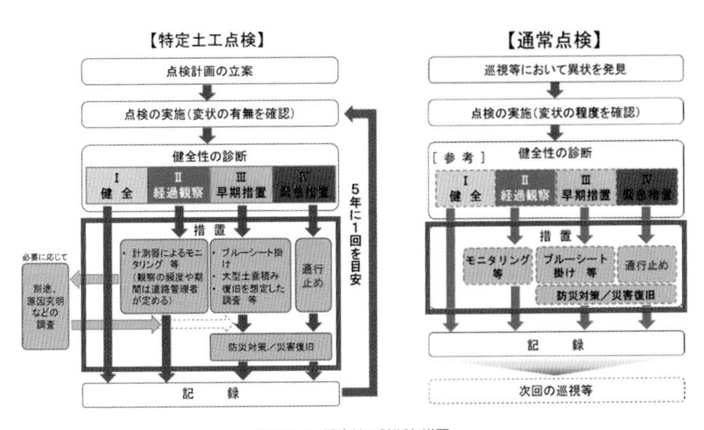

図 7.1-1 健全性の診断と措置

判定区分「Ⅱ」は、変状が発生しているもののうち、ただちに特定道路土工構造物の大規模な崩壊のおそれはないが、将来的な健全性の確保や効率的な維持修繕のために経過観察が必要な区分である。変状の原因や進行の程度などが不明確なものを含む区分であり、多くの場合は、変状箇所について巡視のほか、変状状況を記録し、必要に応じて計測器等によるモニタリングを併用しながら、定期的に変状の進行状況を観察する、あるいは、変状の原因を究明して今後の変状の進行の可能性を予測するために、別途、詳細な調査を実施するなどしたうえで、その変状の程度に応じて必要な措置を判断していく必要がある。

判定区分「Ⅲ」は、変状が確認され、かつ次回点検までにさらに進行すると想定されることから構造物の崩壊が予想されるため、できるだけ速やかに措置を講じることが望ましい場合（道路の機能に支障は生じていないが、次回点検までに支障が生じる可能性があり、できるだけ速やかに措置を講じることが望ましい状態）の区分である。この段階で適切な措置を行うことで、道路の機能に支障が生じる可能性を低減させることを意味している。なお、気象状況などにより変状が進行し特定道路土工構造物が崩壊するおそれがある場合は、雨水浸透を防止するためのブルーシート掛け（写真 7.1-1）や大型土嚢の設置、のり面の補修・補強などの措置を行うことが望ましい。

写真 7.1-1 ブルーシートによる雨水浸透防止

判定区分「Ⅳ」は、変状の進行が明らかであり、特定道路土工構造物の大規模な崩壊が予想され、緊急的に措置を行う必要がある区分である。最も緊急度が高い区分であり、通行止め等の通行規制を行うとともに、可能な限り大規模な崩壊を防止するための措置が必要な区分である。措置としての通行規制等の実施についてはコラム①を参照。

点検の際に道路土工構造物を構成する施設や部材等に変状を発見した場合、できる範囲で二次被害防止、変状拡大防止、交通機能確保等の観点から応急措置を行うこととする。具体的には以下の事例などがある。

- 部材の剥離やうきが見つかった場合に、剥落等により道路利用者や第三者への被害が懸念される場合は、たたき落とし等の措置を行い、たたき落とし後の状態で健全性の診断を行う。
- 排水施設の側溝等に落ち葉等が溜まったり、擁壁等の水抜きパイプに草が繁茂したり泥砂が詰まったりして排水機能が損なわれている場合には、堆積した落ち葉等の除去、水抜きパイプの洗浄等を行い、機能を回復させる（写真 7.2-1）。こうした変状の中には偶発性が高く、再発が考えにくいものもあるが、上述のような落ち葉等の堆積などは周囲の植生や水の流れなどの環境により再発が懸念されることもあるので、原因の除去を行い、記録等に残しておくことが望ましい。
- 排水施設の場合には、機能の喪失が一時的なものであって、清掃等により機能が回復する場合でも、一時的に損なわれている間にあふれ出た水が特定道路土工構造物に浸入してすでに変状を発生させていたり、当初想定していない水みちを作ってしまったりしていることもある。
- 応急措置を実施した場合は、措置実施後の状態にて判定を行うこととなるが、変状の原因が特定できない場合などは「Ⅱ：経過観察段階」に判定して経過観察を行うものとする。

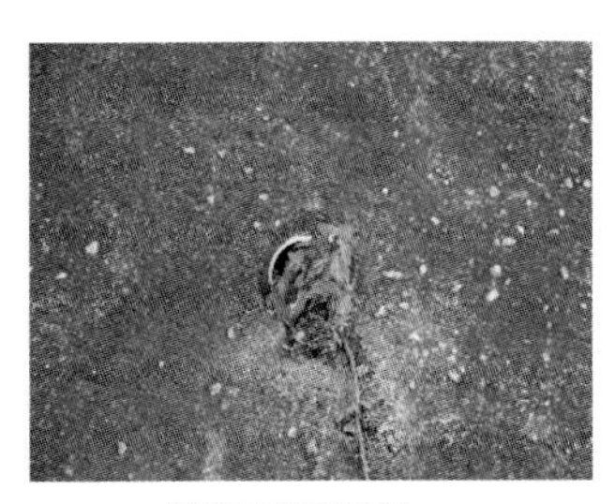

泥砂詰まりの除去前

泥砂詰まりの除去後

写真 7.2-1 水抜きパイプの泥砂詰まりの除去

経過観察の方法は、将来における災害の形態や位置、程度などに応じて適宜定める必要があるが、観察を行う手段、その実施の間隔を定めることが基本である。観察の方法は、できる限り定量的に観察ができる手段を選ぶことが重要である。また単一の方法と期間によるのではなく、比較的頻度の高い路上からのパトロールによる観察と数ヶ月から数年に一度のより精度の高い近接目視による観察と地震時や豪雨時といった異常時の観察を組み合わせるなどすることが有効である。

定期的な観察の期間と時期・頻度については道路管理者が変状の程度、進行度合い、対策等の措置の実施状況等に応じて適切に決定する。

また、経過観察の結果、主たる発生原因に対し対策等の措置が直接的かつ安定的に機能し、変状等の進行が抑えられるなど道路土工構造物の安定性が向上し、判定区分Ⅰ相当と診断できる場合は、判定区分を見直してよい。ただし、道路土工構造物は、点検時点での変状（劣化）が構造物の安定性や道路の安全性に影響がない状態としても、変状（劣化）の進行によって次回点検までに崩壊に至る可能性が否定できない場合が多い。その場合は、判定区分を「Ⅱ：経過観察段階」としモニタリングを実施し、定期的に変状の進行状況を確認する、あるいは、変状の原因を究明して今後の変状の進行の可能性を予測するために、別途、詳細な調査を実施するなどしたうえで、その変状の程度に応じて必要な措置を判断していく必要がある。そのうえで、再度同じ道路土工構造物に変状が生じるなどの不測の事態に備えるため、それまでの経過観察等の記録は保管しておくことが必要である。

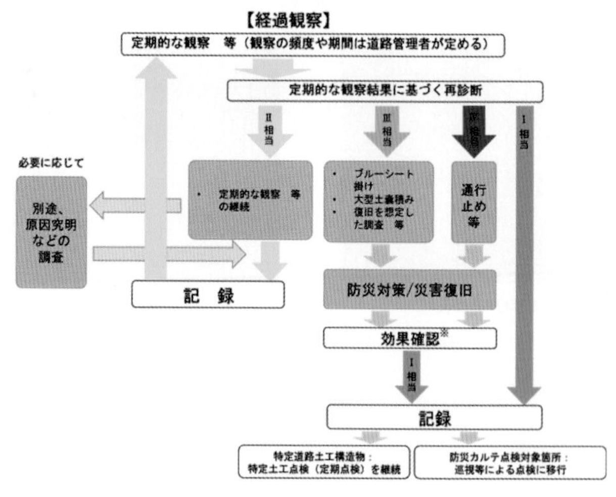

図 7.3-1 経過観察のフロー図

なお、経過観察における留意事項については 6.3、P83～84 が参考になる他、実施における着眼点等については直轄版点検要領別紙２（参考）防災カルテ点検における着眼点および別紙３（参考）防災カルテを用いた点検も参考にするとよい。

・変状の進行を確認するための定期的な計測（例）
　のり面、舗装面、構造物等のひびわれ幅
　（写真 7.3-1）
　構造物の傾斜量（写真 7.3-2）
　構造物の沈下量（写真 7.3-3）
　のり面等のはらみ出し量
　排水施設の目地開き量
　土砂の流出状況（写真 7.3-4）

・計測機器の設置（コラム②～⑤参照）
　地表の変動を捉える計器による観測（地盤伸縮計等）、監視技術の利用（LP、UAV、人工衛星データなど）

写真 7.3-1 ひびわれ幅の計測

写真 7.3-2 傾斜量の計測

写真 7.3-3 沈下量の計測

写真 7.3-4 土砂の流出状況の確認

コラム①：通行規制等の実施

道路の異状発生時の措置として交通の危険を防止するため、通行規制などの措置が必要となる場合がある。

点検やパトロール等において擁壁やのり面等に変状があり、道路土工構造物本体が移動（滑動）していることが確認されたり、路面に段差やクラックが生じ、拡大傾向を把握した場合には、地盤伸縮計などを用いて変状計測を実施し、崩壊に至る前に通行止めなどの措置を行うことができる体制を道路管理者は検討することとなる。

その際の事前準備としては、学識経験者などの専門家の意見を取り入れながら、通行規制を実施する場合の閾値を設けておく必要がある。また、閾値を超過した場合に通行規制を実施できる体制として人員や資機材の確保、緊急対策方法の検討などの準備が必要となる。道路管理者は、現地状況等を勘案して以下のような点に留意して体制を整えることが一般的に考えられる。

□事前準備

◇変状の計測方法

◇通行規制を実施する閾値の設定

◇変位が閾値を超えた場合の対応手順の検討

◇関係各所との情報共有

◇異常気象時の対応検討　　　等

また、変状の進行が明らかとなり、大規模な崩壊が予測された場合や、不幸にも災害等で道路が損壊し、通行に支障が生じた場合には、道路管理者は迅速に通行規制を実施することとなる。通行規制を実施する際の主な留意点は、以下のようなことが一般的に考えられる。

□情報の収集・共有・提供

◇第１報の報告（関係各所との情報共有）

◇被災者の有無確認

◇現地確認の指示（維持業者など）

◇現場状況の把握（職員の派遣）

◇現場への応援職員の派遣

◇詳細情報の把握・報告（写真含む）

◇他機関との調整（道路管理者、警察、消防等）

◇道路利用者等への情報提供（道路情報板、記者発表、SNS 等）

◇公共交通機関（路線バス、タクシー会社）への情報提供

◇マスコミ対応　　　等

□応急復旧等

◇迂回路（現道交通の確保、高速道路の無料化等）の検討

◇資機材の手配

◇専門家、学識者の要請、所見（二次被害の防止等）

◇応急復旧対策　　　　等

〔参考〕事前通行規制制度について

事前通行規制とは、大雨や台風による土砂崩れや落石等のおそれがある箇所について過去の記録などを基にそれぞれ規制の基準等を定め、災害が発生する前に「通行止」などの規制を実施し、道路利用者の安全を確保する制度である。この制度は、昭和43年8月18日に岐阜県加茂郡白川町の国道41号で発生した飛騨川バス転落事故を契機に導入された。それまでの管理は、道路法第46条に基づき、災害等で道路が損壊してから通行止めを行うことが一般的であったが、この事故が契機となり、昭和44年に道路局長通知が発出され、あらかじめ区間を指定して異常気象時に通行止めを行う事前通行規制制度が整備された。高速道路においては、一般道路区間と異なり道路法第46条の道路管理者による通行止めの具体の運用として昭和48年から導入されている。なお、近年、増加傾向にある短時間の局地的な集中豪雨、いわゆる「ゲリラ豪雨」に対応するため、従来から導入されている「連続雨量」に加え「時間雨量」も加味した組合せによる事前通行規制を一部で試行している。

コラム②：機器を用いた調査の事例
【地盤伸縮計による変位計測】

のり面、自然斜面変状等の計測において、多くの実績があり、精度が高い計測手法の一つが地盤伸縮計による計測である。

地盤伸縮計は、計測対象となる変状斜面の滑落崖やクラック等を挟んだ位置に設置した杭と計測器の間をインバー線（低熱膨張率ニッケル線）で結び、その伸び（あるいは縮み）を計測器のドラムの回転で計測するだけのきわめて簡易な構造の計測機器である。

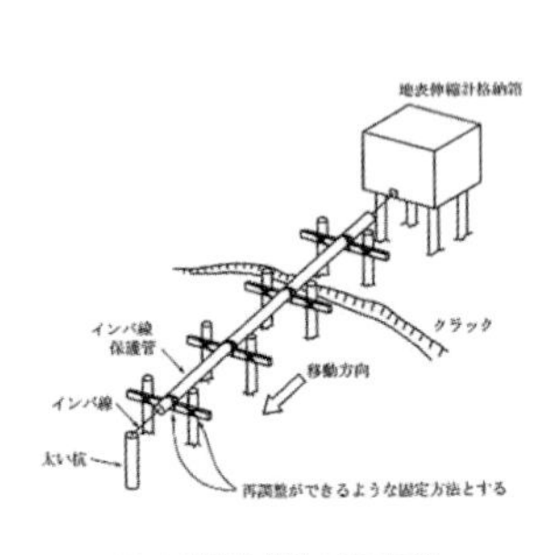

図-1 地盤伸縮計の概要図[1)]

写真-1 デジタル地盤伸縮計の一例

施工中の切土のり面の監視等では、計測器に設置された記録紙へ変位グラフが直接記録されるアナログ式の計器が使用されることも多いが、近年では、自動通信機能を持ったデジタル式の地盤伸縮計（写真-1）が災害時の緊急対応等で活用されている。

地盤伸縮計計測の最大のメリットは、計測データから崩壊予測や管理基準値の設定が可能であることであり、他の計測手法に比べて信頼性と実績が高い点である。

平成 15 年 12 月に発生した高知県の鉄道斜面の変状では、地盤伸縮計の計測データから事前に崩壊時刻を予測し、運行列車の被災を未然に防ぐことに成功している[2)]。

写真-2　崩壊前の斜面を通過する列車（左）と斜面崩壊の瞬間（右）[2)]

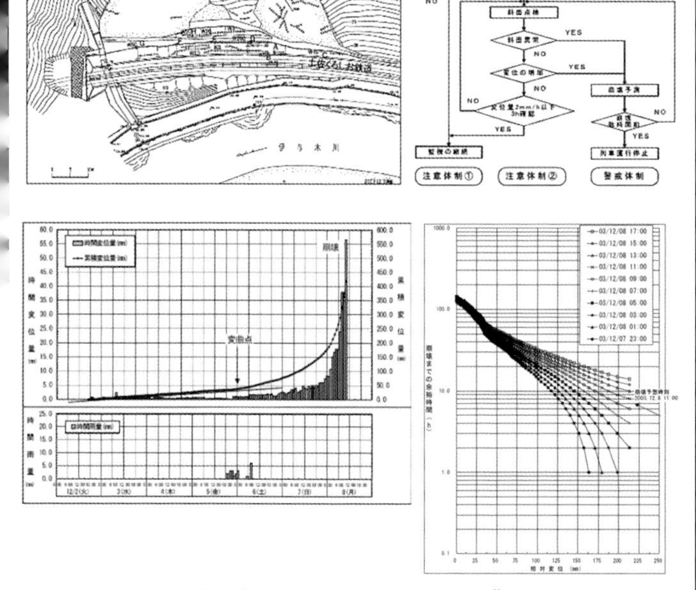

図-2 地盤伸縮計計測による崩壊予測実施事例[3]

参考文献

1）斜面防災対策技術協会(2012)：いつでも、どこでもすぐに役立つ地すべり観測便覧、pp.117-123.

2）高柳朝一、細川　光（2004）：鉄道活線沿いの斜面崩壊予測と危機管理体制、平成16年度日本応用地質学会中国四国支部研究発表会（米子）、pp.57-62.

3）高柳朝一、土肥　清、細川　光（2004）：鉄道活線沿いの斜面崩壊予測、第39回地盤工学研究発表会（新潟）、pp.2109-2110.

コラム③：機器を用いた調査の事例
【GNSS による変位計測】

長大のり面の切土の変動観測や地すべり観測[1]などに GPS（あるいは Global Navigation Satellite System：GNSS）が活用されている。GPS あるいは GNSS による変動計測は、3 次元ベクトルの取得が可能であることや地盤伸縮計や孔内傾斜計観測で計測不能となるような大変位に対応できるなどのメリットがある。

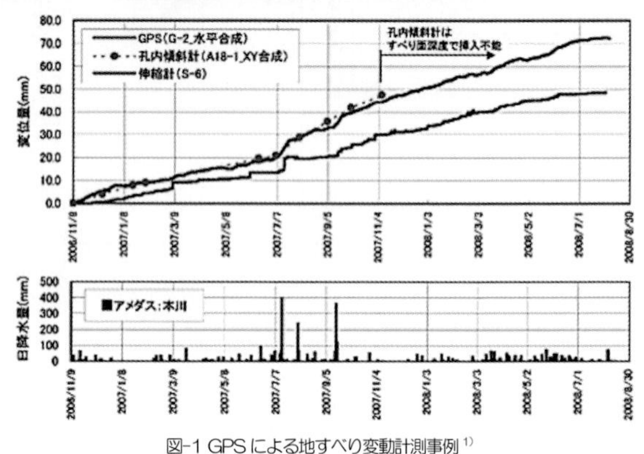

図-1 GPS による地すべり変動計測事例[1]

2017 年 10 月には、日本版 GPS 衛星「みちびき」4 号機の打ち上げが成功し、衛星が軌道上に投入された。「みちびき（準天頂衛星システム：QZSS）」[2]は日本独自の衛星測位システムで、米国の全地球測位システム（GPS）を補完して、より高精度で安定した衛星測位を実現する。「みちびき」は日本のほぼ真上に長時間とどまる特殊な軌道を周回し、4 号機の打ち上げにより、2018 年より日本上空を交代で 24 時間カバーできる 4 基態勢が整うこととなる。

この衛星測位システムにより、cm オーダーでの単独測位が実現することから、建設機械や農業機械の自動制御等での活用などが期待されている。また、cm オーダーの測位結果の誤差処理によって mm オーダーの測位が実現することも期待される。現状の GNSS 測位の弱点である樹林地内でも安定的に測位できるなどの進展がみられれば、基準点の必要な相対測位に代わって主流となる可能性もある。

一方で、現在の変位計測で利用されている相対測位に対しては、精度面（cm~mm オーダー）で劣るなどの課題もあるが、今後の技術革新により、みちびき（QZSS）を利用した道路土工構造物の維持管理分野への貢献も期待される。

参考文献

1）土佐信一、伊藤克己、菅沼建、及川典生、武石 朗、山崎孝成（2013）：GPS を用いた地すべり計測 -データの取得から活用まで-、地すべり学会誌 Vol.50、No.4、pp.18-25.
2）内閣府　宇宙開発戦略推進事務局 HP「みちびき（準天頂衛星システム）：http://qzss.go.jp/

コラム④：機器を用いた調査の事例
【UAVによるレーザープロファイラー】

レーザープロファイラー（以下LP）によって作成された詳細地形図は、小さな地形の起伏や構造物の形状も確認できることから、道路斜面調査においてもなくてはならない基礎資料となりつつある。斜面変動の検討においても、LPによって得られた数値標高データ（以下、DEM）を複数回の測定で比較し、変動量を観測することも試みられてきている[1)、2)]。これらの解析では1m分解能のDEMであれば0.1mの評価が可能とされている。

一般的なLP地形図では、小型飛行機やヘリにより高高度からのレーザー照射によりDEMが作成されるため、0.5m程度の精度が限界であった。一方で、近年急速に活用が進むUAV（ドローン）によるLPでは、低空からのレーザー照射により0.1mの精度でのDEMの作成も可能となってきており、今後はcm単位の変状の確認も可能になる。

従来の分解能（0.5m）のDEMとUAVによる高分解能（0.1m）のDEMデータの相違を図-1に示す。従来のDEMで不明瞭だった構造物の輪郭まで明瞭に確認できる。

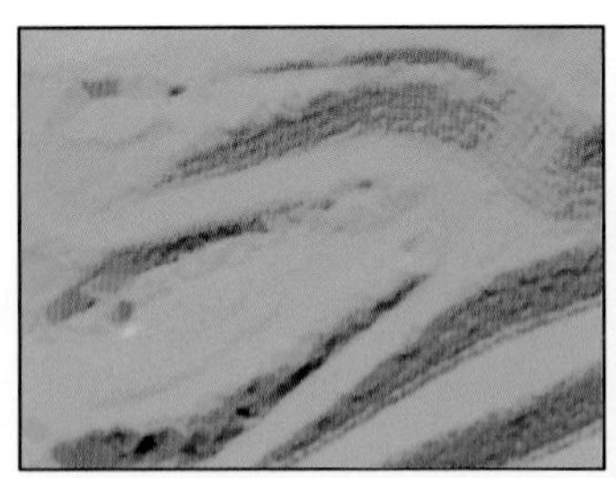
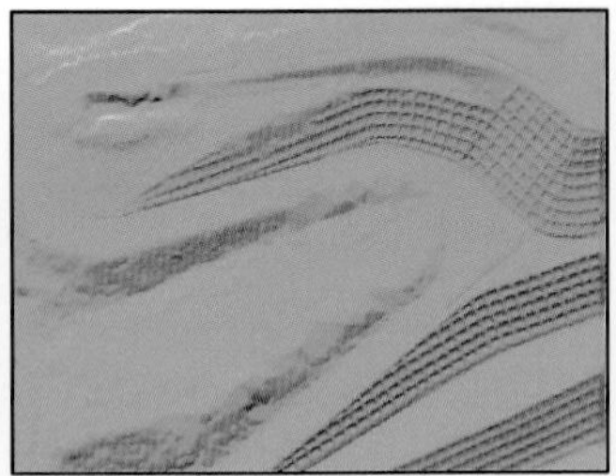

図-1 UAVによるLPデータでの高分解能DEMの事例（左：0.5m補完、右：0.1m補完）

参考文献

1）佐藤　匠、水野正樹、内田太郎、岡本　敦、向山　栄（2013）：Pa-22　衛星InSARとLiDAR DEM画像解析による斜面変状モニタリング、第62回平成25年度砂防学会研究発表会概要集、pp.A-128-129.
2）菊地輝行、秦野輝儀、千田良道、西山　哲（2017）：S-DEMデータを利用した地すべり地における変動ベクトル解析技術の開発、応用地質 Vol. 57（2016-2017）No. 6 特集「新しい計測技術と応用地質学」、pp. 277-288.

コラム⑤：衛星写真の利用

【衛星写真による広域被害調査】

地震などによる広域斜面災害の把握は、道路の寸断等により地上からの現地確認に時間を要することが多い。また、ヘリや航空機での調査も救助活動等が優先され、取材や被害状況把握のための飛行は禁止措置などがとられることも多い。このような状況下で、迅速かつ広域に災害状況を把握する方法として衛星写真の活用がある。悪天候の場合を除き、国内外の多くの衛星で、緊急での衛星写真の撮影・利用が可能である。写真-1 に 2016 年 4 月に発生した熊本地震の際に取得された衛星画像の事例を示す。2014 年以降に導入された小型人工衛星では、解像度 3m の衛星画像を取得できる。また、2017 年以降は 120 機～150 機の衛星ネットワークが構築されており、衛星画像を毎日撮影することも可能となっている[1]。

写真-1 衛星写真による熊本地震被害状況（衛星ネットワーク社提供[1]）

【SAR 衛星画像による地盤変動解析】

地震時や火山観測、広域地盤沈下、地すべりなどの観測で、簡易干渉 SAR（DInSAR）が国土地理院などから発表されている。現在、国土地理院では干渉 SAR 時系列解析[2]により、特定の地点の経時変化の取得も試みられている。こうした手法は欧州では 2001 年頃から実用化[3]され、国内での適用事例も報告されている[4]。

海外（イタリア山岳地）における斜面変動域の干渉 SAR 解析事例を図-1 に示す。

干渉 SAR 画像では、被災が面的に広がりのある地滑りなどの発生後の日大規模の把握には有効と思われるが、道路土工構造物の変状の事前把握や被災の未然防止への適用にはまだ課題がある。

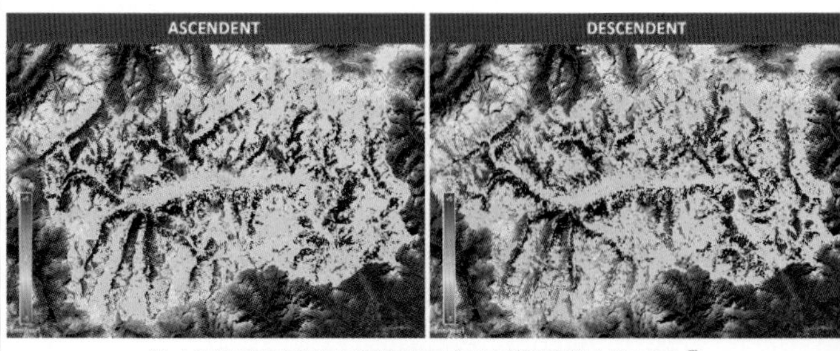

図-1 干渉 SAR 解析による斜面変動域の広域解析事例（イタリア）[5)]
（左図：北行軌道解析結果、右図：南行軌道解析結果）

参考文献

1) 株式会社衛星ネットワーク、https://www.snet.co.jp/planet/service/、2017.
2) 山中雅之、森下 遊、大坂優子：干渉 SAR 時系列解析による地盤沈下の検出、Journal of the Geospatial Information Authority of Japan、2013-12-27.
3) Alessandro.F.、C.Prati.；F.Rocca. Permanent Scatterers in SAR Interferometry.IEEE Transactions on Geoscience and Remote Sensing 2001、vol39、pp.8-20.
4) 水野敏実、松岡俊文、山本勝也：SAR 画像を用いた地盤変動解析による地質構造の推定、地盤工学会誌 57（5）、12-15、2009.
5) TRE 社（イタリア）、http://tre-altamira.com/geo-hazards/

8. 記録方法

8.1 記録における留意事項

8.2 点検記録様式（案）の記入例

記録とは、点検、診断、措置の結果を記録し、当該道路土工構造物が供用されている期間はこれを保存することである。

点検の結果は、次期の点検において参照することにより、前回点検からの変化の確認や、未点検箇所の効率的な点検等が可能になる。また、過去の災害履歴とその対策なども含めて記録を蓄積することにより、点検の精度向上や効率化に寄与するほか、分析を行うことで要注意箇所の絞り込みや点検手法の高度化等に活用することができる。このため、巡視時に記録した情報も共有化し、整理・保存するとよい。参考に前回点検等との比較や点検区域の構成施設の見落とし防止を考慮した様式案を8.2項に示す。

記録にあたっては、のり面を構成する各施設の点検結果を記載するとともに、道路機能への影響を踏まえ、のり面の現状の全体像が総括的に理解できるように記載することが望ましく、点検記録は点検区域ごとに作成するものとする。

○管理番号

（直　轄）特定土工点検の対象区域には、「特定道路土工構造物の対象となる管理番号の設定について（直轄）」に基づき普遍的な番号とする。

＜管理番号イメージ＞ **827210066004R-1-0010-0**

（地方公共団体）特定土工点検の対象区域には総務省全国地方公共団体コード等を活用するなど普遍的な番号とする。

＜管理番号イメージ＞ **000000-000-0010-0**

先頭から6桁	全国公共団体コード６桁※
7～9桁	事務所別などに区分する際に使用する 区分しない場合には「000」とする
１０～１３桁	連番：１番目「0010」、２番目「0020」とする 将来的に１番目と２番目の間に追加箇所が 生じた場合は13桁目に記載し追加する「0011」
１４桁	枝番：通常は「0」として将来的に点検区域を分割する 必要が生じた場合に使用

※参照（http://www.soumu.go.jp/denshijiti/code.html）

○点検区域名

（直　轄）点検区域ごとに路線名と距離標を組み合わせるなど、管理上わかりやすい名称とするとよい。

直轄例：「特　国R001-123.456」

特定土工点検、国道１号、123.456 kp（起点側 kp）など

（地方公共団体）点検区域名は路線名、地域名や事務所名と管理番号を組み合わせるなど、管理上わかりやすい名称とするとよい。

地公体例：「特　▲001-0010」

特　　：特定土工点検

▲　　：▲地域、▲事務所などの頭文字など

001　：県道００１号の路線番号

0010：管理番号の末尾

○距離標（直轄）

点検対象区域の起点および終点の距離標を記入する。

○緯度経度

点検対象区域の起点および終点の緯度経度を、GPS 受信機等により測定し記入する。測地系については世界測地系とし、10 進数式で小数６桁まで記入する。

なお、GPS 受信機等に簡易的な機器（携帯アプリ等）を使用する場合は、点検対象区域の特定に必要な精度を有する必要がある。

○建設年次

点検区域の完成年度を記入する。完成年度が不明の場合は供用年度を記載する。

○前回点検実施日、前回判定区分

前回の道路土工構造物点検の点検実施日および「当該区域の健全性の診断（判定区分Ⅰ～Ⅳ）」の判定区分を記載する。前回点検に、措置後の記録がある場合には、措置実施日および再判定区分を記載する。

初回点検において、H25ストック総点検の対象区域の場合は総点検の結果を記載する。

記載例　×：異常有り

△：応急対応済み

○：異常なし

○被災履歴の有無

過去の被災履歴に関する情報も参照できるよう記載するとよい。

○防災点検実施の有無

点検区域内に防災点検対応施設が存在する場合は施設管理番号や点検ランクや防災カル番号等を記載すること。

〇現況スケッチ

現況スケッチには切土、盛土を構成する施設の設置状況をスケッチし、変状の位置、写真撮影の箇所や向きなどもあわせ、点検区域の状況を示す。平面図のほか、必要に応じて断面図を示すとよい。当様式に収まらない場合には、別紙にまとめ添付してもよい。

〇位置図

縮尺 1/12,500 程度の図面上に点検箇所の位置を示す。周辺の目標物等について付記するとよい。

〇状況の写真（変状の状況）

点検にて着目した施設ごとの変状状況について、写真やスケッチにより記録する。変状の進行をモニタリングする際には計測管理が必要な箇所をマーキングし、項目や計測値についても記載するとよい。当様式に収まらない場合には、別紙にまとめ添付してもよい。

〇主な構成施設の点検

点検区域内の主な構成施設の有無を「〇」「－」にて記入すること。

点検区域内に設置されている構成施設のすべてに「変状の有無」を「〇」「－」にて記載し、変状の種類の欄は、各施設の変状名「ひびわれ、漏水、うき、剥離」等を記載すること。また、健全な施設においても「変状なし」等を記載すること。

〇健全性診断の所見等

施設の変状等から当該区域にどのような懸念があり判定区分（Ⅰ～Ⅳ）としたのか、診断に至った理由を記載する。

判定区分Ⅱとした場合は、経過観察の着目点や次回観察時期等を記載すること。

判定区分Ⅲ、Ⅳとした場合は、措置対応に向けた所見を記載すること。

〇写真

変状写真については、点検後に実施する経過観察や次回点検にて、変状の進行状況の比較確認ができるよう工夫（同一アングルによる撮影等）すること。

※記入欄は、該当がない場合でも「該当なし」等を記載することとし、空欄にしないこと。

点検表記録様式　道路土工構造物

様式1（その1）直轄管理

点検箇所・所在地・管理者名等

管理番号（直轄）	○○○○○○	管理者名	○○地方整備局 ○○○事務所
		点検区域名	○○○○○○

点検の種別	特定道路土工構造物	路線名	路線種別	所在地		距離標	起点側/終点側		
盛土	○	一般国道○○号	一般国道（指定区間）	起点	○○県○○市○○町○○地先	距離標 起点 ○○．○	起点側	緯度	35.342583
								経度	137.149750
				終点	○○県○○市○○町○○地先	距離標 終点 ○○．○	終点側	緯度	35.342583
								経度	137.149750

建設年次(西暦)	延長(m)	最大のり高(m)	代表勾配	1段の高さ	小段数	上下区分	道路情報	緊急輸送道路	バス路線	代替路の有無	DID区間
1997	50	15	1.2	5	2	上り	一般道	二次	該当	無	非該当

点検頻度	次回点検予定年度	前回点検実施年月日	前回判定区分	今回点検実施日	点検時判定区分	経過観測の有無	詳細調査の要・不要	詳細調査(年度)	措置実施日	措置後判定区分
5年/回	2023	2014/11/10	Ⅱ	2018/10/4	Ⅲ	有	要	2019	2018/12/10	Ⅱ

事前通行規制					交通量		被災履歴の有無	被災履歴年	被災発生位置（箇所）	被災内容	占用物件（名称）
指定の有無	指定の基準	連続雨量	時間雨量	区間名	平日（台/12h）	休日（台/12h）					
有	雨量	200mm	50mm	○○○○	30,600台	28,500台	有	2014	道路区間内	地すべり、のり面崩壊	水道管・NTT架線

防災点検実施の有無	防災点検の施設管理番号1	点検ランク1	防災点検年度1	防災点検の施設管理番号2	点検ランク2	防災点検年度2	防災点検の施設管理番号3	点検ランク3	防災点検年度3
有	T041F055	要対策	2017	T041G046	カルテ	2017	T041E069	カルテ	2017

建設年度が不明の場合には供用年度など必ず入れる

初回はH25ストック点検の結果が有れば記載（複数あれば判定が悪いものを優先）
判定は
×異常有り
△応急対応済み

事務連絡「管理番号の設定について」に基づき記載

点検区域名は路線名と距離標を組み合わせるなど、普遍的な管理番号とする。
例：「▲▲R001-123.4」、▲▲（事務所名）、国道 1 号、距離標（起点）

現況スケッチ（点検範囲の各施設の位置関係がわかるもの）

①擁壁目地の開口はらみ出し1cm
②盛土のすべり
③排水工に土砂堆積 破損顕著
④のり肩（歩道部）の沈下変状
⑤小段水路のずれ
⑥護岸破損
⑦法枠工の変状
⑧路面の補修跡
⑨ふとんかご変状
道路面
盛土のり面
植生工
平坦面（田）
延長380m
パイプ脇に亀裂、湧水

位置図（縮尺1/25000程度）

点検箇所

模式断面図（切土のり面、盛土のり面の高さ、小段、変状の位置関係がわかるもの）

⑧路面の補修跡
⑨ふとんかご変状
⑦法枠工の変状
⑤小段水路のずれ
H=15m

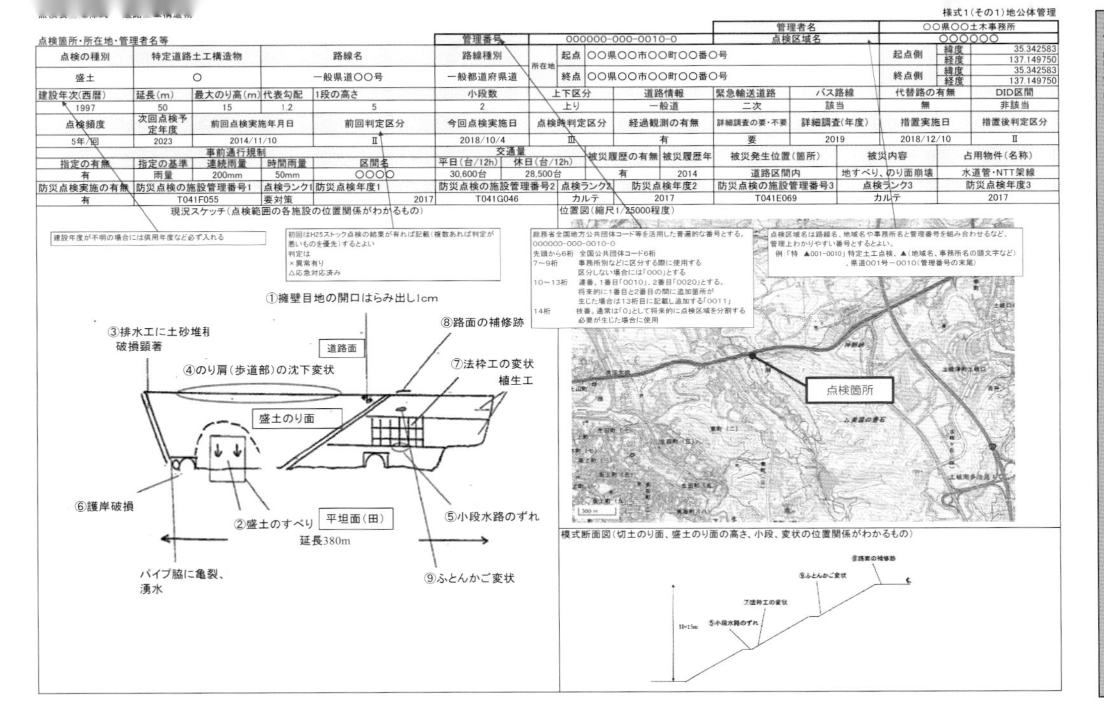

様式1（その1）地公体管理

点検箇所・所在地・管理者名等

管理者名	○○県○○土木事務所
点検区域名	○○○○○○

管理番号	000000-000-0010-0

点検の種別	特定道路土工構造物	路線名	路線種別	所在地		起点側／終点側		
盛土	○	一般県道○○号	一般都道府県道	起点	○○県○○市○○町○○番○号	起点側	緯度	35.342583
							経度	137.149750
				終点	○○県○○市○○町○○番○号	終点側	緯度	35.342583
							経度	137.149750

建設年次(西暦)	延長(m)	最大のり高(m)	代表勾配	1段の高さ	小段数	上下区分	道路情報	緊急輸送道路	バス路線	代替路の有無	DID区間
1997	50	15	1.2	5	2	上り	一般道	二次	該当	無	非該当

点検頻度	次回点検予定年度	前回点検実施年月日	前回判定区分	今回点検実施日	点検時判定区分	経過観測の有無	詳細調査の要・不要	詳細調査(年度)	措置実施日	措置後判定区分
5年/回	2023	2014/11/10	Ⅱ	2018/10/4	Ⅲ	有	要	2019	2018/12/10	Ⅱ

事前通行規制					交通量		被災履歴の有無	被災履歴年	被災発生位置(箇所)	被災内容	占用物件(名称)
指定の有無	指定の基準	連続雨量	時間雨量	区間名	平日(台/12h)	休日(台/12h)					
有	雨量	200mm	50mm	○○○○	30,600台	28,500台	有	2014	道路区間内	地すべり、のり面崩壊	水道管・NTT架線

防災点検実施の有無	防災点検の施設管理番号1	点検ランク1	防災点検年度1	防災点検の施設管理番号2	点検ランク2	防災点検年度2	防災点検の施設管理番号3	点検ランク3	防災点検年度3
有	T041F055	要対策	2017	T041G046	カルテ	2017	T041E069	カルテ	2017

現況スケッチ（点検範囲の各施設の位置関係がわかるもの）

建設年度が不明の場合には供用年度など必ず入れる

初回はH25ストック点検の結果が有れば記載（複数あれば判定が悪いものを優先）するとよい
判定は
×異常有り
△応急対応済み

位置図（縮尺1/25000程度）

総務省全国地方公共団体コード等を活用した普遍的な番号とする。
000000-000-0010-0
先頭から6桁　全国公共団体コード6桁
7～9桁　事務所別などに区分する際に使用する
区分しない場合には「000」とする
10～13桁　連番。1番目「0010」、2番目「0020」とする。
将来的に1番目と2番目の間に追加箇所が
生じた場合は13桁目に記載し追加する「0011」
14桁　枝番。通常は「0」として将来的に点検区域を分割する
必要が生じた場合に使用

点検区域名は路線名、地域名や事務所名と管理番号を組み合わせるなど、
管理上わかりやすい番号とするとよい。
例：「特　▲001-0010」特定土工点検、▲（地域名、事務所名の頭文字など）
、県道001号－0010（管理番号の末尾）

模式断面図（切土のり面、盛土のり面の高さ、小段、変状の位置関係がわかるもの）

様式1（その2）

構成施設の点検

構成施設は予め主な施設が記載されています。施設の有無を記載することで施設の見落とし防止や、変状がない場合でもないことを記載し点検の信頼性を担保します。

点検区域名	○○○○○○	点検者	（株）○○コンサルタント	点検責任者	△△　□□

点検時に記録					点検年月日：　2018/7/1			措置後に記録				
主な構成施設名		構成施設※	変状の有無	変状の種類	道路機能に対する影響	測定値（mm）	備考（写真の有無）	措置	措置の内容	措置実施 年	月	日
盛土		○	○	段差・はらみだし	円弧すべりの可能性が示唆される	0.5	変状番号1写真1	応急対策	ブルーシート設置済み。今後、詳細調査の実施	2018	7	2
切土		―	―	―								
のり面保護施設	CO・モル吹付、石・ブロック張	○	○	ひびわれ・損傷	崩落による盛土の崩壊	10	変状番号1写真3	本対策	コンクリート吹付を実施	2018	12	15
	のり枠	○	○	ひびわれ	崩落による盛土の崩壊	10	変状番号1写真3					
	グラウンドアンカー等	―	―	―					今回の点検における措置を記載します。次回点検までは本表の記載内容を措置が完了するごとに時点修正していきます。			
	植生工	○	―	変状無し								
斜面安定施設	落石防護柵等	―	―	―								
カルバート		○	―	変状無し								
擁壁	Co擁壁	○	○	目地の開き・倒れ	倒壊による盛土の崩壊	20	変状番号1写真4、5	経過観察	12/1前回から変状無し。○ヶ月（△年後）に再度点検を実施。	2018	12	1
	ブロック積、井桁組　等	○	―	変状無し								
	補強土壁	―	―	―								
排水施設	のり面排水、暗渠排水	○	○	ずれ・泥つまり	雨水侵入による地山流出のおそれ	30	変状番号1写真6	応急対策	側溝清掃を実施	2018	7	1
その他	路面	／	―	亀裂								
	自然斜面	／	―	亀裂	隣接する盛土のり面への影響が示唆される							

※1　点検区域内に当該施設が設置されている場合は「○」、設置されていない場合は「－」

当該点検区域の健全性の診断（判定区分Ⅰ～Ⅳ）

上記の措置を実施後に再判定を実施し修正

点検結果に基づき記録		措置後に記録					
判定区分	点検時の健全性診断の所見等	主な措置の内容	再判定区分	措置後の健全性診断の所見等	措置実施 年	月	日
Ⅲ	・盛土のり面に「段差」や「はらみだし」があり、円弧すべりの可能性が予想されるため速やかな措置を講ずる必要がある。 ・措置方法の検討に向けた詳細調査がの必要がある。 ・豪雨時および豪雨後、地震後の状況確認が必要	モルタル吹付 排水施設補修	Ⅱ（経過観察）	・経過観察事項として、擁壁の傾斜を確認する ・○ヶ月（△年）後に再度点検を実施 ・詳細調査を実施する。	2018	12	15

全景写真（起点側、終点側を記載すること）

起点側　点検箇所　終点側

全景（正面より）

起点側

終点側

※直轄版点検要領における点検表記録様式の記載例を示す。
　診断に至るまでの過程が記された所見の記載例が示されている（青枠内）。

様式1（その2）

構成施設の点検

構成施設は予め主な施設が記載されています。施設の有無を記載することで施設の見落とし防止や、変状がない場合でもないことを記載し点検の信頼性を担保します。

点検区域名	特 〇〇R　－89.470	点検者	（受注者名）	点検責任者	（個人名）

点検時に記録					点検年月日：	2018/12/12		措置後に記録				
主な構成施設名		構成施設※1	変状の有無	変状の種類	道路機能に対する影響	測定値（mm）	備考（写真の有無）	措置	措置の内容	措置実施 年	月	日
盛土		－	－	－								
切土		〇	〇	小段の亀裂	崩壊・地山への地表水の浸透		P1～P4, P11, P13, P17					
のり面保護施設	〇〇・モルタル吹付、石・ブロック張	－	－	－								
	のり枠	〇	〇	定着版の浮き	抑止効果の低下		変状④					
	グラウンドアンカー等	〇	〇	定着版の浮き	抑止効果の低下		変状①					
	植生工	〇	－	－			変状⑤					
斜面安定施設	落石防護柵等	－	－	－								
カルバート		－	－	－								
擁壁	Co擁壁	〇	－	変状無し			変状⑥					
	ブロック積、井桁組 等	－	－	－								
	補強土壁	－	－	－								
排水施設	のり面排水、暗渠排水	〇	〇	亀裂・閉塞	表面水の地山への浸透		変状②					
その他	自然斜面		－	変状無し			変状③					

変状の種類の記載については、「変状の種類記載例のシート」を参照すること。

今回の点検における措置を記載します。
次回点検までは本表の記載内容を措置が完了するごと時点修正していきます。

※1 点検区域内に当該施設が設置されている場合は「〇」、設置されていない場合は「－」

当該点検区域の健全性の診断（判定区分Ⅰ～Ⅳ）

点検結果に基づき記録		措置後に記録					
判定区分	点検時の健全性診断の所見等	主な措置の内容	再判定区分	措置後の健全性診断の所見等	措置実施 年	月	日
Ⅲ	小段コンクリートの亀裂・段差、小段排水溝の閉塞が認められる。湛水した水がのり面に浸透し、表層に緩みが生じたことが原因とみられ、のり面の崩壊が発生する可能性がある。鉄筋挿入の頭部に浮き上がりが見られ、抑止効果が低下しおり、次回の点検時に進行性を見極める必要がある。崩壊した土砂が路面に落下し、通行に支障が生じるため、のり枠内に水が入らないように、排水溝の補修が望まれる。						

上記の措置を実施後に再判定を実施し修正

全景写真（起点側、終点側を記載すること）

終点側　　中央付近　　起点側

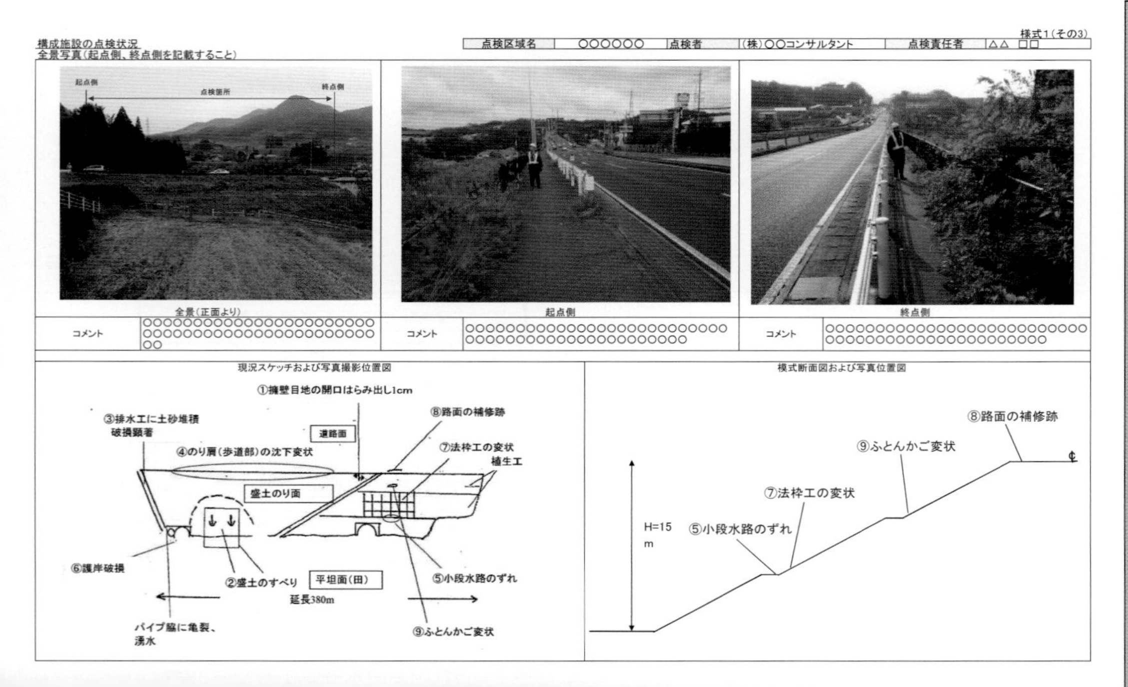
様式1（その3）
点検区域名
○○○○○○
点検者
(株)○○コンサルタント
点検責任者
△△ □□
構成施設の点検状況
全景写真（起点側、終点側を記載すること）
起点側
点検箇所
終点側
全景（正面より）
コメント
起点側
コメント
終点側
コメント
現況スケッチおよび写真撮影位置図
①擁壁目地の開口はらみ出し1cm
③排水工に土砂堆積
破損顕著
道路面
⑧路面の補修跡
④のり肩（歩道部）の沈下変状
⑦法枠工の変状
植生工
盛土のり面
⑥護岸破損
②盛土のすべり
平坦面（田）
⑤小段水路のずれ
延長380m
パイプ脇に亀裂、
湧水
⑨ふとんかご変状
模式断面図および写真位置図
⑧路面の補修跡
⑨ふとんかご変状
⑦法枠工の変状
H=15
m
⑤小段水路のずれ

様式1（その4）

状況写真（変状の状況）
○構成施設の変状の状況が確認できる写真を記載のこと.

点検区域名	○○○○○○	点検者	（株）○○コンサルタント	点検責任者	△△ □□

変状番号

変状写真

写真1		写真2		写真3	
撮影年月日		撮影年月日		撮影年月日	
コメント	○○	コメント	○○	コメント	○○

変状写真

写真4		写真5		写真6	
コメント	○○ 計測値　擁壁ずれ：天端○○○mm	コメント	○○ 計測値　目地開き：○○○mm	コメント	○○

※直轄版点検要領から、河川隣接区間における点検記録様式の記載例の抜粋を示す。
その他の点検記録様式の記載例は、「道路土工構造物点検要領 令和５年３月 国土交通省道路局 国道・技術課」の別紙４を参照。

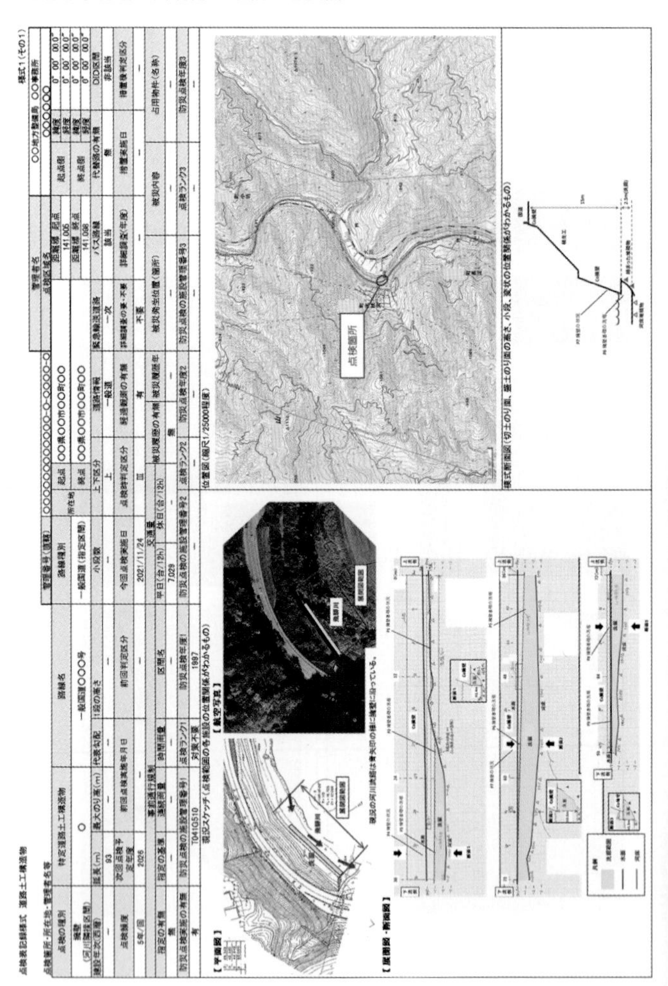

点検表記録様式　道路土工構造物

様式1（その1）

管理者名	○○地方整備局　○○事務所
点検区域名	○○○○○○

点検箇所・所在地・管理者名等

管理番号（直轄）	○○○○○○○○○○○○-○-○○○○-○

点検の種別	特定道路土工構造物	路線名	路線種別	所在地		距離標	位置		
擁壁（河川隣接区間）	○	一般国道○○○号	一般国道（指定区間）	起点	○○県○○市○○町○○	距離標 起点 141.005	起点側	緯度	0° 00′ 00.0″
								経度	0° 00′ 00.0″
				終点	○○県○○市○○町○○	距離標 終点 141.098	終点側	緯度	0° 00′ 00.0″
								経度	0° 00′ 00.0″

建設年次（西暦）	延長（m）	最大のり高（m）	代表勾配	1段の高さ	小段数	上下区分	道路情報	緊急輸送道路	バス路線	代替路の有無	DID区間
－	93	－	－	－	－	上	一般道	一次	該当	無	非該当

点検頻度	次回点検予定年度	前回点検実施年月日	前回判定区分	今回点検実施日	点検時判定区分	経過観測の有無	詳細調査の要・不要	詳細調査（年度）	措置実施日	措置後判定区分
5年/回	2026	－	－	2021/11/24	Ⅲ	有	不要	－	－	－

事前通行規制					交通量						
指定の有無	指定の基準	連続雨量	時間雨量	区間名	平日（台/12h）	休日（台/12h）	被災履歴の有無	被災履歴年	被災発生位置（箇所）	被災内容	占用物件（名称）
無	－	－	－	－	7,029	-	無	－	－	－	－

防災点検実施の有無	防災点検の施設管理番号1	点検ランク1	防災点検年度1	防災点検の施設管理番号2	点検ランク2	防災点検年度2	防災点検の施設管理番号3	点検ランク3	防災点検年度3
有	T041G510	対策不要	1997	－	－	－	－	－	－

※直轄版点検要領から、河川隣接区間における点検記録様式の記載例の抜粋を示す。
その他の点検記録様式の記載例は、「道路土工構造物点検要領 令和５年３月 国土交通省道路局 国道・技術課」の別紙４を参照。

様式1（その2）

構成施設の点検

点検区域名	○○○○○○	点検者	（受注者名）	点検責任者	（個人名）

点検時に記録					点検年月日: 2021/11/24			措置後に記録				
主な構成施設名		構成施設※1	変状の有無	変状の種類	道路機能に対する影響	測定値(mm)	備考（写真の有無）	措置	措置の内容	措置実施 年	月	日
盛土		－	－	－								
切土		－	－	－								
のり面保護施設	○○-モル吹付、石･ブロック張	－	－	－								
	のり枠	－	－	－								
	グラウンドアンカー等	－	－	－								
	植生工	－	－	－								
斜面安定施設	落石防護柵等	－	－	－								
カルバート		－	－	－								
擁壁	Co擁壁	○	○	洗掘	倒壊による盛土の崩壊	2500	写真6-1、6-2					
	ブロック積、井桁組 等	－	－	－								
	補強土壁	－	－	－								
排水施設	のり面排水、縦断排水	－	－	－								
その他	路面		－	－								
	自然斜面	－	－	－								

※1 点検区域内に当該施設が設置されている場合は「○」、設置されていない場合は「－」

当該点検区域の健全性の診断（判定区分Ⅰ～Ⅳ）

点検結果に基づき記録		措置後に記録					
判定区分	点検時の健全性診断の所見等	主な措置の内容	再判定区分	措置後の健全性診断の所見等	措置実施 年	月	日
Ⅲ	･河川に隣接する道路法尻のCO擁壁基礎部に約100mに渡り洗堀が認められ、最大洗堀高は25mに及ぶ。 ･洗堀領域が拡大すれば、擁壁の倒壊による盛土の崩壊が懸念され、道路機能に支障を生じる可能性が想定され、早期の対策実施が求められる。 ･現状は、擁壁本体に倒壊、沈下等に起因した変状（ひび割れ、亀裂、段差等）は認められない。						

全景写真（起点側、終点側を記載すること）

正面　　起点側　　終点側

9．変状事例

9.1 切土の崩壊につながる変状事例

9.2 盛土の崩壊につながる変状事例

9.3 切土、盛土に共通する変状事例

9.1.1 切土のり面（亀裂、段差、はらみだし、小崩壊）

【変状の特徴】

・切土のり面内またはのり肩部付近に亀裂が開口（写真 9.1.1-1 を参照）

・亀裂を境に段差が発生（写真 9.1.1-1 を参照）

写真 9.1.1-1 開口亀裂および段差（赤矢印）

・のり面の一部のはらみだし、小規模な崩壊（写真 9.1.1-2～4 を参照）

写真 9.1.1-2 はらみだし（赤丸内）

9.1.1 切土のり面（亀裂、段差、はらみだし、小崩壊）

写真 9.1.1-3 小崩壊（赤丸内）

写真 9.1.1-4 小崩壊（赤丸内）

9.1.1 切土のり面（亀裂、段差、はらみだし、小崩壊）

・地山の変形がのり面保護施設や排水施設の変状として現れることもある（写真 9.1.1-5 ~7 を参照）。

写真 9.1.1-5 はらみだし（排水施設に変状が現れた例）（赤丸内）

写真 9.1.1-6 はらみだし（のり面保護施設に変状が現れた例）（赤丸内）

9.1.1 切土のり面（亀裂、段差、はらみだし、小崩壊）

写真9.1.1-7 はらみだし（小段排水施設を閉塞した例）（赤丸内）

【発生要因】

・雨水・融雪水・排水施設からあふれた水の浸透、上方斜面からの地下水等による水圧上昇

・地山の風化による強度低下、ゆるみ

・背後斜面からの地すべり等の変動（写真9.1.1-8、9を参照）

9.1.1 切土のり面（亀裂、段差、はらみだし、小崩壊）

写真 9.1.1-8 上方自然斜面からの地すべりにより切土のり面に生じた開口亀裂およびはらみだし（赤矢印）

写真 9.1.1-9 上写真の切土のり面上方の自然斜面に生じた地すべりの開口亀裂および段差（赤矢印）

9.1.1 切土のり面（亀裂、段差、はらみだし、小崩壊）

【着目ポイント】

・変状の分布状況（のり面保護施設や排水施設の変状を含む。地山が不安定化した範囲・規模を推定するうえで重要）
・変状箇所付近の湧水の状況（湧水が認められる箇所は地下水が集中しやすい）
・のり肩周辺斜面の変状の有無・状況（上方斜面からの変状の可能性を判断するうえで重要）
・のり面直下の道路の変状の有無および状況（変状範囲の下端が道路に達しているかどうかを判断するうえで重要）

【道路の機能に対する影響】

・亀裂が生じている箇所は地山が緩んで不安定化していると考えられ、降雨・地震・融雪等により崩壊して道路機能への影響が生じる可能性がある。特に、亀裂に段差が生じたり、のり面のはらみだしが生じている箇所は不安定化が進んでいるので措置が必要である。
・のり面が崩壊した場合の道路への影響は発生しうる崩壊の規模により異なる。崩壊規模を推定するためには変状の分布状況および発生した変状同士の関連性に着目する必要がある。
・降雨、地震、融雪等の明確な誘因がないときに変状や崩壊が繰り返し発生する場合は、より大きな崩壊の予兆である場合や、上方の自然斜面からの地すべり等の変動が原因である可能性がある。この場合は上方自然斜面の変状を確認するための詳細調査を検討するのがよい。
・この場合、グラウンドアンカー併用の切土のり面ではアンカーが過緊張となって破断することにより、アンカーが飛び出して第三者被害を生じる可能性や、抑止力が低下してのり面自体が不安定化することにより崩壊が発生して道路の機能に影響をおよぼす可能性がある。

9.1.1 切土のり面（侵食、肌落ち）

【変状の特徴】

・切土のり面の表層部分（植生およびその基盤を含む）の一部が侵食されたりはがれ落ちたりする（写真 9.1.1-10〜14 を参照）。

写真 9.1.1-10 侵食（切土のり面に生じたガリー侵食の例）（赤丸内）

写真 9.1.1-11 侵食（橋台下の切土のり面に生じたガリー侵食の例）（赤丸内）

9.1.1 切土のり面（侵食、肌落ち）

写真 9.1.1-12 侵食（のり面表面の面的な侵食の例）（赤丸内）

写真 9.1.1-13 肌落ち（赤丸内）

9.1.1 切土のり面（侵食、肌落ち）

写真 9.1.1-14 肌落ち（赤丸内）

・湧水地点直下が侵食されることもある（写真 9.1.1-15 を参照）。

写真 9.1.1-15 湧水点直下の侵食事例（湧水によるのり枠下側の地山の侵食）（赤丸内）

9.1.1 切土のり面（侵食、肌落ち）

【発生要因】

・降雨、融雪等による表流水の流下
・排水施設からあふれた水の流下
・上方の道路等のほか施設から流入した水の流下
・湧水地点直下の水の流下

【着目ポイント】

・変状（侵食、肌落ち）の分布状況
・表流水の流下の痕跡の有無・状況、およびそれらと変状との関連性
・排水施設から水があふれた痕跡の有無・状況、排水施設周辺の侵食等の有無・状況、およびそれらと変状との関連性
・湧水地点直下の侵食等の有無・状況

【道路の機能に対する影響】

・侵食や肌落ちが放置されると侵食が拡大する可能性があり、さらには崩壊に至り、道路機能への影響や第三者被害を生じる可能性があるので措置が必要である。
・排水施設周辺の侵食が放置されると侵食の進行によって排水施設自体の変状・損傷を招き、本来排水施設で排水されるべき水がのり面や周辺斜面に流入して侵食・崩壊に至り、道路機能への影響や第三者被害を生じる可能性があるので措置が必要である。
・原因となる表流水の流下状況が改善されない場合には、同様の侵食や肌落ちを繰り返す可能性があるので、表流水の流下状況を改善するための措置が必要である。

9.1.2 吹付、のり枠（吹付コンクリートまたはモルタルの表面剥離、亀裂、剥落）

【変状の特徴】

・吹付表面の剥離（写真 9.1.2-1～3を参照）

写真 9.1.2-1 吹付表層の剥離[15]

写真 9.1.2-2 吹付深部まで進行した剥離[15]

9.1.2 吹付、のり枠（吹付コンクリートまたはモルタルの表面剥離、亀裂、剥落）

写真 9.1.2-3 のり肩部の吹付の剥離

・吹付表面の亀裂（写真 9.1.2-4を参照）

写真 9.1.2-4 亀裂が多数発達し劣化した吹付のり面
（亀裂のほか剥離、水のしみ出し跡、亀裂への植生の侵入も多くみられる）

9.1.2 吹付、のり枠（吹付コンクリートまたはモルタルの表面剥離、亀裂、剥落）

・亀裂および目地からの水のしみ出し（写真 9.1.2-5、6を参照）

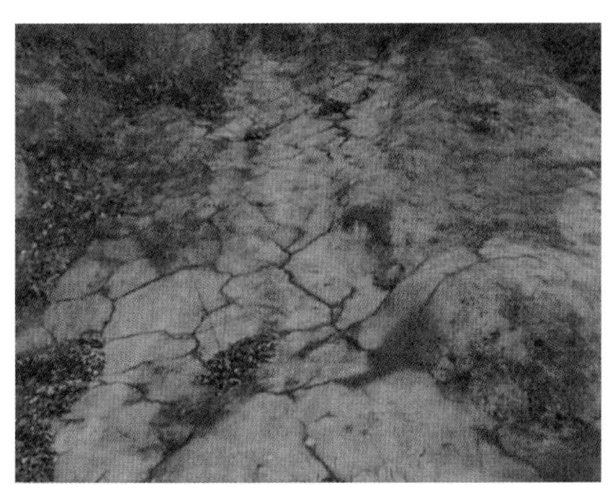

写真 9.1.2-5 吹付の亀裂からの水のしみ出し[15]

写真 9.1.2-6 吹付表面の湧水および遊離石灰（赤丸内）

9.1.2 吹付、のり枠（吹付コンクリートまたはモルタルの表面剥離、亀裂、剥落）

・亀裂および目地の開口、ずれ、はらみだし（写真 9.1.2-7を参照）

写真 9.1.2-7 吹付の開口亀裂およびはらみだし（赤丸内）

・吹付の一部剥落、地山の露出、背面空洞の露出（写真 9.1.2-8を参照）

写真 9.1.2-8 吹付の一部剥落による地山および背面空洞の露出（赤丸内）

9.1.2 吹付、のり枠（吹付コンクリートまたはモルタルの表面剥離、亀裂、剥落）

・亀裂および目地への植生の侵入（写真9.1.2-9を参照）

写真9.1.2-9 吹付の亀裂への樹木の侵入（赤丸内）

【発生要因】

・施工直後の乾燥収縮、温度変化による伸縮
・降雨、凍結融解等による経年劣化
・侵入した植生の成長
・背面地山の風化による吹付と地山の付着力低下、背面の空洞化
・地山変状による背面地山からの土圧

【着目ポイント】

・表面剥離の進行度合い（ひし形金網よりも深くまで進行しているかどうか）
・亀裂および目地の開口度合い（密着または開口、水のしみ出しの有無）
・亀裂の分布と連続性
・吹付の剥落度合い、および剥落部分の地山の状況（風化の度合い、空洞の有無）
・亀裂および目地への植生の侵入および成長の状況

9.1.2 吹付、のり枠（吹付コンクリートまたはモルタルの表面剥離、亀裂、剥落）

【道路の機能に対する影響】

・表面剥離が吹付の表層部にとどまっているうちは遮水性が確保されており風化・侵食防止機能は低下していないが、剥離が吹付深部まで進行すると（写真 9.1.2-2、3を参照）地山の露出が生じて風化・侵食防止機能が失われ、将来的にのり面が不安定化し崩壊して道路機能への影響が生じる可能性がある。

・吹付の剥離片が高所から落下すると（写真 9.1.2-10 を参照）小さな剥離片でも第三者被害につながる可能性がある。

写真 9.1.2-10 歩道に落下した吹付剥離片 [15)]

・亀裂が密着している場合は雨水や融雪水の地山への侵入は生じにくいが、開口すると雨水や融雪水の地山への侵入が容易になり、背面地山の風化を助長し、将来的にのり面が不安定化し崩壊して道路機能への影響が生じる可能性がある。

・亀裂から水のしみ出しが生じている場合は、一見密着しているように見える場合でも雨水や融雪水が地山に侵入しやすい。また、水がしみ出している箇所は背面地山に地下水が供給されていることを示す。いずれの場合も水の作用により背面地山の風化が進んでいる可能性があり、のり面が崩壊して道路機能への影響が生じる可能性がある。

9.1.2 吹付、のり枠（吹付コンクリートまたはモルタルの表面剥離、亀裂、剥落）

- 開口や水のしみ出しがみられる亀裂が多数発達している場合（写真 9.1.2-4を参照）は、背面地山の風化が進んでいる可能性があり、のり面が崩壊して道路機能への影響が生じる可能性がある。
- 亀裂が連続している場合は、亀裂が連続する範囲を含む吹付の剥落や崩壊が発生する可能性がある。特に吹付下部に水平方向に連続する亀裂が発達する場合は、吹付の下方への滑動（後述）に至り、道路機能への影響や第三者被害を生じる可能性がある。
- 吹付の一部剥落が生じて地山が露出している場合は、雨水や融雪水が地山に侵入しやすくなり、背面地山の風化を助長する。また、吹付の浮きが生じている場合やすでに地山の風化や背面空洞が生じている場合は、吹付と地山の密着性が低下している可能性や、地山自体の安定性が低下している可能性があり、吹付の剥離片の落下や下方への滑動、のり面の崩壊により道路機能への影響や第三者被害を生じる可能性がある。
- 亀裂や目地に植生が侵入すると亀裂や目地の開口を助長して雨水や融雪水が地山に侵入しやすくなり、背面地山の風化を助長する。特に樹木が侵入している場合は、吹付背面の地山に侵入している根の成長が亀裂や目地の開口を助長したり、吹付と地山の密着性を低下させたりする。また、地震や強風等で樹木が揺すられたり倒れることにより、吹付の剥落やのり面の崩壊に至り、道路機能への影響や第三者被害を生じる可能性がある。
- 亀裂にずれや段差が生じたり、のり面のはらみだしが生じている箇所は吹付または地山（あるいはその両方）の不安定化が進んでいて、吹付の剥離片の落下や下方への滑動、のり面の崩壊により道路機能への影響や第三者被害を生じる可能性があるので措置が必要である。また、場合によってはより大きな崩壊の予兆である場合や、上方の自然斜面からの地すべり等の変動が原因である可能性があるので、のり肩や周辺斜面の亀裂等の状況もあわせて確認する必要がある。その結果さらに上方自然斜面からの変状の可能性を否定できない場合は、上方自然斜面の変状を確認するための詳細調査を検討するのがよい。

9.1.2 吹付、のり枠（吹付コンクリートまたはモルタルの下方への滑動）

【変状の特徴】

・吹付面の広い範囲にわたって下方へ滑り落ちる（写真 9.1.2-11、12 を参照）。

写真 9.1.2-11 吹付末端部の水平方向に連続する亀裂とせり出し（赤矢印）

写真 9.1.2-12 吹付末端部の水平方向に連続する亀裂とせり出し
（赤矢印、写真 9.1.2.-11 の右中央やや下付近の拡大）

9.1.2 吹付、のり枠（吹付コンクリートまたはモルタルの下方への滑動）

【発生要因】

- 背面地山の風化による吹付と地山の密着性の低下、アンカーピンの腐食等による機能喪失
- 地山の変状

【着目ポイント】

- 吹付末端部のせり出し（末端部の側溝等の変状を含む）
- 吹付上部（のり肩等）の亀裂の開口度合い
- 吹付の開口亀裂および剥落部分から見える地山の状況（風化の度合い、空洞の有無）

【道路の機能に対する影響】

- 吹付末端部のせり出しは、吹付の滑動が始まっていることを示している。特に上部の亀裂の開口（写真 9.1.2-13 を参照）とセットでみられる場合は確実である。滑動が始まっている吹付のり面は背面地山の風化が進んで吹付と地山の密着性が低下していることを示している。このような吹付のり面は雨水の浸透や地下水による背面の水圧の上昇、あるいは地震力の作用によって大きく滑動または完全に滑落して道路機能への影響や第三者被害を生じる可能性がある。
- 地山の変状が疑われる場合には、のり肩および周辺斜面の変状の確認や詳細調査を検討するのがよい他、措置が必要である。

写真 9.1.2-13 のり肩部の吹付の亀裂：補修（モルタル充填）後に再度亀裂が発生 [15)]

9.1.2 吹付、のり枠（のり枠のコンクリート剥離、鉄筋露出、亀裂）

【変状の特徴】

・のり枠部材のコンクリートの一部が剥離（写真 9.1.2-14 を参照）

・のり枠部材の鉄筋の露出（写真 9.1.2-14 を参照）

写真 9.1.2-14 のり枠コンクリートの剥離および鉄筋露出（赤丸内）

9.1.2 吹付、のり枠（のり枠のコンクリート剥離、鉄筋露出、亀裂）

・のり枠部材を横断する亀裂（写真9.1.2-15、16を参照）

写真9.1.2-15 複数ののり枠部材および枠内の吹付を横断する連続的な亀裂（赤丸内）

写真9.1.2-16 複数ののり枠部材および枠内の吹付を横断する連続的な亀裂
（上写真の中央付近赤破線枠内の拡大）

9.1.2 吹付、のり枠（のり枠のコンクリート剥離、鉄筋露出、亀裂）

【発生要因】

- 降雨、凍結融解等による経年劣化
- 鉄筋の腐食による膨張
- 地山の変状による背面地山からの土圧
- 地山との密着不足によるのり枠自体の滑動

【着目ポイント】

- 亀裂の分布と連続性（地山変状が原因の場合は部材を横断する連続的な亀裂が発生）
- 鉄筋の腐食状況（露出している鉄筋の状況、亀裂からの錆汁の痕跡の有無）
- アンカー工併用の場合はアンカーの健全性もあわせて確認

【道路の機能に対する影響】

- 枠部材を横断する亀裂が複数の枠部材や他の施設を含め連続している場合は、地山の変状による可能性が高く、地山自体が不安定になっていて降雨や地震により崩壊して道路の機能に影響を及ぼす可能性がある。
- この場合、グラウンドアンカー併用ののり枠ではアンカーが過緊張となって破断することにより、アンカーが飛び出して第三者被害を生じる可能性や、抑止力が低下してのり面自体が不安定化することにより崩壊が発生して道路の機能に影響を及ぼす可能性がある。
- 枠部材の一部の剥落・鉄筋露出の場合、また枠部材を横断する亀裂であっても他の枠部材に連続しない場合は、のり枠施設全体としての機能喪失には至っていないため、ただちに道路の機能に影響を及ぼすものではないが、コンクリート片の落下による第三者被害を生じる可能性がある。

9.1.2 吹付、のり枠（のり枠の枠内中詰め土の流出、背面地山の土砂の流出）

【変状の特徴】

・枠内の中詰め土の流出（写真 9.1.2-17 を参照）

写真 9.1.2-17 のり枠の枠内および背面の土砂流出

・のり枠背面の地山の侵食・土砂流出（写真 9.1.2-18 を参照）

写真 9.1.2-18 のり枠背面の広範囲の地山の侵食・土砂流出

9.1.2 吹付、のり枠（のり枠の枠内中詰め土の流出、背面地山の土砂の流出）

【発生要因】

・降雨、湧水、融雪水等による流出
・地山の風化による強度低下、ゆるみ、土砂化

【着目ポイント】

・流出箇所の広がりの状況（一部分のみにとどまっているか、全体に広がっているか）
・流出の進行状況（深さ、地山の風化状況等）

【道路の機能に対する影響】

・侵食・土砂流出がのり枠施設の一部のみにとどまっている場合は、のり枠施設全体としての機能喪失には至っていないため、ただちに道路の機能に影響を及ぼすものではない。ただし、長期間放置すると侵食・土砂流出がより深く進行したり周辺に拡大する可能性があるため、その状況について経過観察を行ったり、進行を防止する措置が必要である。
・のり枠背面の侵食・土砂流出がのり枠施設全体に拡大している場合は、のり枠と地山の密着性が低下していることから、さらなる侵食・土砂流出の進行、あるいは地震力の作用などによってのり枠が大きく滑動または完全に滑落して道路機能への影響や第三者被害を生じる可能性がある。また、このような場合には地山自体の風化が進行している可能性があり、その場合には降雨や地震により地山が崩壊して道路の機能に影響を及ぼす可能性がある。
・プレキャスト部材により構築されたのり枠の場合、あるいは枠内の中詰めにぐり石等を使用している場合には、侵食・土砂流出がのり枠施設の一部のみの場合であっても、枠部材の破損および落下、あるいはぐり石等の落下による第三者被害を生じる可能性がある。

9.1.3 グラウンドアンカー（類似するロックボルトとの識別）

【外観上の特徴】

・ロックボルトは斜面安定を目的とした鉄筋挿入工で、挿入鉄筋に大きな緊張力を作用させないため、頭部キャップおよび受圧プレートがグラウンドアンカーのものに比べて小さい（おおむねキャップ径が 10cm 以下、支圧板の厚さが 10mm 以下）のが特徴である（写真 9.1.3-1、2 を参照）

写真 9.1.3-1 グラウンドアンカーの頭部キャップの事例

写真 9.1.3-2 ロックボルトの頭部キャップの事例

9.1.3 グラウンドアンカー（類似するロックボルトとの識別）

・グラウンドアンカーもしくはロックボルトののり枠幅からの外見上の判断を表 9.1.3-1 に示す。この他にロックボルトは、大きな緊張力を作用させないため、頭部キャップおよび受圧プレートがグラウンドアンカーと比べて小さい（おおむねキャップ径が 10cm 以下、支圧板の厚さ 1cm 以下）のが特徴でありく、多方面からの情報を取り入れて判断することが重要である。

表 9.1.3-1　グラウンドアンカーとロックボルトののり枠幅からの判断目安

種別	枠幅 200mm 以下	枠幅 300mm	枠幅 400mm	枠幅 500mm 以上
グラウンドアンカー	×	△	○	◎
ロックボルト	◎	○	△	×

◎：可能性が非常に高い　○：可能性が高い　△：可能性は低い　×：ほとんどない

写真 9.1.3-3 グラウンドアンカーとロックボルトの併用事例

9.1.3 グラウンドアンカー（頭部キャップのうき上がり・剥離）

【変状の特徴】
- テンドンの破断・飛び出し
- 浮き上がりの程度は破断の発生箇所と破断荷重により異なり、破断時の荷重が大きく、深部で破断するほど変状が大きくなる。
- テンドンの破断による浮き上がり量は数 cm から 1m 程度と大きく、頭部コンクリートの破壊を伴うことが多い（写真 9.1.3-4 を参照）。

【発生要因】
- アンカー材の劣化による強度低下を要因とする破断
- 地すべりや地下水位上昇による背面土圧の上昇による破断
- 斜面上部からの落石や施工中の建設機械の接触、供用後の自動車の接触等により頭部キャップの破損や変形が起こる場合がある。

【着目ポイント】
- コンクリートキャップの浮き上がりの確認
- 打音検査による剥離等の確認
- 当該アンカー、周辺部アンカーの健全性調査の実施

【道路の機能に対する影響】
- テンドンが破断しており、のり面の安定性が低下している可能性がある。
- 周辺部アンカーのテンドン破断により、テンドンの飛び出しによる通行車両や歩行者に被害を与える可能性がある。
- 頭部コンクリートや頭部キャップの落下により、通行車両や歩行者に被害を与える可能性がある。

9.1.3 グラウンドアンカー（頭部キャップのうき上がり・剥離）

【変状の事例　参考】

・軽微の損傷（詳細調査および経過観察が必要な事例）

・中程度の損傷（詳細調査および応急措置が必要な事例）

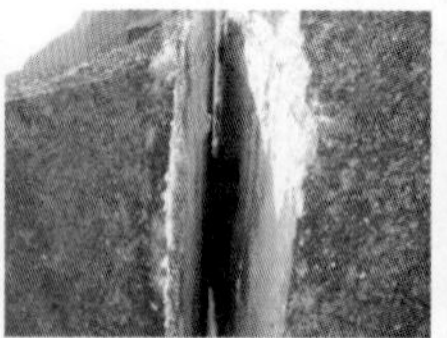
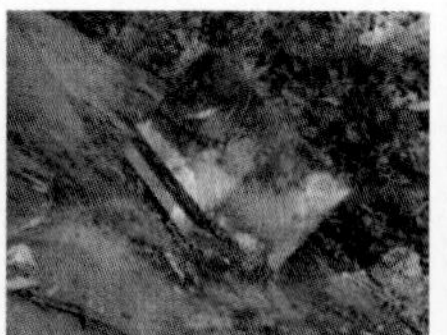

・重度の損傷（詳細調査および対策が必要な事例）

写真 9.1.3-4 頭部キャップの浮き上がり・剥離の事例
（損傷の程度は浮き上がり量で判断）

9.1.3 グラウンドアンカー（頭部キャップの損傷・変形・落下）

【変状の特徴】

・外的要因（落石・車両接触等）によりキャップが損傷（写真 9.1.3-5 を参照）

・稀にテンドンの飛び出しによりキャップが損傷（写真 9.1.3-5 を参照）

【発生要因】

・アンカー材の劣化による強度低下を要因とする破断

・地すべりや地下水位上昇による背面土圧の上昇

・上部斜面からの落石

・作業車や一般交通車両の接触

【着目ポイント】

・キャップ損傷の要因の分析

・損傷したキャップに残っている接触痕と外的要因の関係性

・頭部キャップの回転

・頭部キャップのずれ

・頭部キャップ内の防錆油の変質状況、流出量

【道路の機能に対する影響】

・鋼より線タイプのテンドンの場合、テンドンが破断した際に飛び出して頭部キャップを損傷させ、その後元の位置に戻ることがあり、中心部に穴が開いている場合には、その可能性が高い。

・キャップの損傷や変形を放置していると、防錆油の流出や劣化の原因となり、アンカーヘッドやテンドンの腐食が懸念される。

・アンカーヘッドやテンドンの腐食が進行すると、テンドンの引き込みや破断の原因となり、アンカー緊張力が抜け、のり面の安定性を低下させるおそれがある。

9.1.3 グラウンドアンカー（頭部キャップの損傷・変形・落下）

【変状の事例　参考】

・軽微の損傷（詳細調査および経過観察が必要な事例）

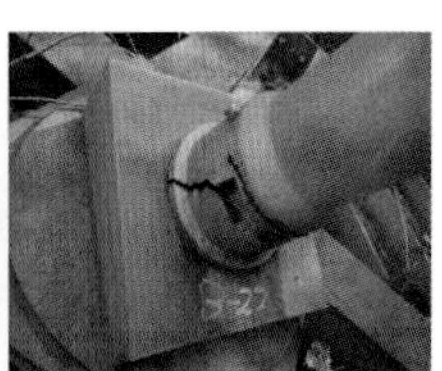

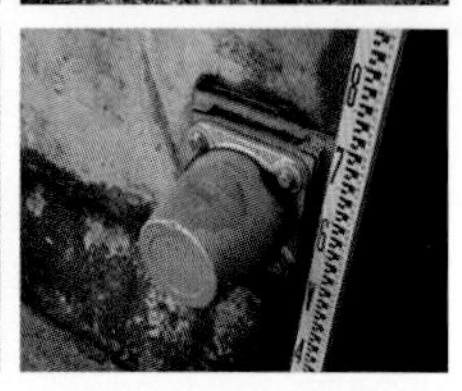

・中程度の損傷（詳細調査および応急措置が必要な事例）

・重度の損傷（詳細調査および対策が必要な事例）

写真 9.1.3-5 頭部キャップの損傷・変形の事例
（損傷の程度はキャップの構造形式や定着具等の腐食状況や防錆油の流出量で判断）

9.1.3 グラウンドアンカー（頭部キャップの劣化・クラック）

【変状の特徴】

- 降雨等の自然現象により劣化（写真 9.1.3-6 を参照）
- 外的要因（落石・車両接触等）によりクラックが発生（写真 9.1.3-6 を参照）
- 頭部キャップの変色や変形

【発生要因】

- コンクリートキャップの強度不足
- 落石や車両接触等の外的要因
- 金属や樹脂製キャップの長期放置による劣化
- 紫外線による経年劣化

【着目ポイント】

- キャップ損傷の要因の分析
- 劣化の進捗状況

【道路の機能に対する影響】

- コンクリートキャップの劣化やクラックが進行し、テンドンに到達していると、テンドンの腐食による破断が懸念される。
- コンクリートキャップの劣化やクラックが進行しコンクリートが落下すると、通行車両や歩行者に被害を与える可能性がある。
- 金属や樹脂製のキャップ劣化が進行すると、防錆油の流出や雨水等がキャップ内に侵入する原因となり、アンカーヘッドやテンドンの腐食が進行し、テンドンの引き込みや破断により、アンカー緊張力が抜け、のり面の安定性を低下させるおそれがある。

9.1.3 グラウンドアンカー（頭部キャップの劣化・クラック）

【変状の事例　参考】

・軽微の損傷（詳細調査および経過観察が必要な事例）

・中程度の損傷（詳細調査および応急措置が必要な事例）

・重度の損傷（詳細調査および対策が必要な事例）

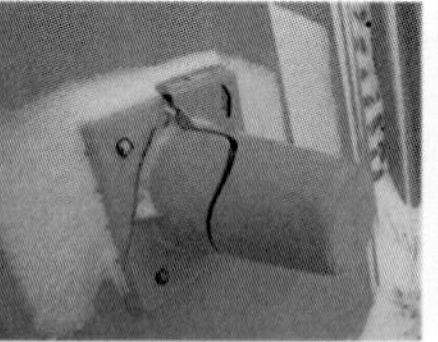

写真 9.1.3-6 頭部キャップの劣化・クラックの事例
（損傷の程度はキャップの劣化状況や破損状況で判断）

9.1.3 グラウンドアンカー（頭部キャップ周辺の遊離石灰）

【変状の特徴】

- キャップ周辺での遊離石灰痕（写真 9.1.3-7 を参照）

【発生要因】

- 頭部コンクリートまたは受圧構造物のコンクリート内に発生したひびわれから湧水や雨水が浸入し、コンクリートの水酸化カルシウムが流れ出し、空気中の二酸化炭素と反応

【着目ポイント】

- コンクリートのクラックから湧き出したような白い固まり
- キャップ下端から流れ出したような白色の痕
- グラウト材が流れ出した痕との識別（グラウト流出を伴う湧水跡の場合、ベージュに近い色）
- 遊離石灰痕の面積と発生割合

【道路の機能に対する影響】

- 遊離石灰はコンクリート内に水分が供給され、水酸化カルシウムが流れ出したものであることから、アンカー孔内に湧水が侵入していることが懸念される。
- 受圧構造物のコンクリート内に水分が供給され、鉄筋が腐食していることが懸念される。
- のり枠等の受圧構造物が機能低下すると、アンカーの設計緊張力以下の作用緊張力で受圧構造物が塑性化したり、背面土圧を保持できなくなったりする可能性がある。

9.1.3 グラウンドアンカー（頭部キャップ周辺の遊離石灰）

【変状の事例　参考】

・軽微の損傷（詳細調査および経過観察が必要な事例）

・中程度の損傷（詳細調査および応急措置が必要な事例）

・重度の損傷（詳細調査および対策が必要な事例）

写真 9.1.3-7 頭部キャップ周辺の遊離石灰の事例
（損傷の程度は遊離石灰痕の大きさで判断）

9.1.3 グラウンドアンカー（頭部キャップからの湧水）

【変状の特徴】

- キャップ周辺部からの湧水（写真 9.1.3-8 を参照）
- 現在は湧水が流れ出していないが、湧水痕がある。
- キャップ周辺に草等の植物が繁茂（写真 9.1.3-8 を参照）

【発生要因】

- アンカー孔内に湧水が浸入し、受圧構造物と支圧板の隙間、または支圧板とキャップの隙間から湧水が流れ出す。
- アンカー孔から湧水が流れ出すと、グラウト材や背面土壌とともに受圧構造物表面を流れるため、湧水痕跡が残される。
- キャップ周辺部にクラックがあったり、湧水が流れ出したりしていると植物が生育する環境が整い、種子等が飛来すると繁茂する。

【着目ポイント】

- 頭部キャップ周辺から湧水もしくは湧水による変色（湧水痕）
- グラウトの流出を伴う湧水痕の場合には、グラウトの色であるベージュに近い色の痕跡があり、遊離石灰の白色とは異なる。
- 降雨時や降雨直後にしか確認できない場合がある。
- 頭部キャップにより流出が抑制されている場合があり、キャップを取り外した際に始めて湧水が流出する場合がある。
- キャップ上部等に植物が繁茂

【道路の機能に対する影響】

- 湧水もしくは湧水痕の存在はアンカー孔内に湧水が侵入していることが懸念されることから、詳細調査を検討するのがよい。
- アンカー孔内に水分があると、テンドンの腐食が懸念される。テンドンの腐食は、テンドンの破断強度低下をまねき、アンカーの設計緊張力以下の作用緊張力でもテンドンが破断する可能性がある。

9.1.3 グラウンドアンカー（頭部キャップからの湧水）

【変状の事例　参考】

・軽微の損傷（詳細調査および経過観察が必要な事例）

・中程度の損傷（詳細調査および応急措置が必要な事例）

・重度の損傷（詳細調査および対策が必要な事例）

写真 9.1.3-8 頭部キャップからの湧水・植物繁茂の事例
（損傷の程度は湧水量、湧水範囲、植物繁茂の状況で判断）

9.1.3 グラウンドアンカー（頭部キャップからの油漏れ）

【変状の特徴】

・キャップから油の流出痕がある（写真 9.1.3-9 を参照）

【発生要因】

・キャップと支圧板のシール不良
・ジェル状の防錆油が温度や経年劣化により液状化

【着目ポイント】

・キャップの損傷確認
・キャップからの流出量

【道路の機能に対する影響】

・キャップ内の防錆油が流出すると、アンカーヘッドやテンドンの腐食が懸念される。
・防錆油の流出によりアンカーヘッドやテンドンの腐食が進行すると、テンドンの引き込みや破断の原因となり、アンカー緊張力が抜け、のり面の安定性を低下させるおそれがあるとともに、破断したテンドンの飛び出しにより第三者被害が懸念される。
・施工後の経過年数の長い場合には、熱による防錆油の劣化が疑われるため、定期的な防錆油交換が必要である。交換を怠ると、アンカーヘッドやテンドンが腐食する可能性が高まり、場合によってはアンカーの破断よりのり面変状に至る場合がある。

9.1.3 グラウンドアンカー（頭部キャップからの油漏れ）

【変状の事例　参考】

・軽微の損傷（詳細調査および経過観察が必要な事例）

・中程度の損傷（詳細調査および応急措置が必要な事例）

・重度の損傷（詳細調査および対策が必要な事例）

写真 9.1.3-9 頭部キャップからの油漏れの事例
（損傷の程度は防錆油の流出量や流出した防錆油の色等で判断）

9.1.3 グラウンドアンカー（受圧板・受圧構造物の変形・沈下）

【変状の特徴】

- 受圧構造物（のり枠等）の劣化による一部欠落や変形（写真 9.1.3-10 を参照）
- 受圧構造物背面の土砂流出による変形・浮き（写真 9.1.3-10 を参照）

【発生要因】

- コンクリートのクラック進展による部分的な欠落
- 鉄筋の腐食によるコンクリートの剥離・落下
- アンカー緊張力による背面地盤の圧縮・変形
- 湧水や雨水による背面土砂の流出

【着目ポイント】

- 受圧構造物の機能損失・低下になっていないか。
- テンドンに軸方向緊張力以外の力が作用するような傾きが発生していないか。
- 受圧板の回転やズレ（シール材痕から評価）の大きさ

【道路の機能に対する影響】

- 受圧板・受圧構造物の変形・沈下により機能損失・低下が起こると、のり面安定に必要な緊張力が作用しない。
- テンドンに軸方向以外の力が作用すると、アンカー孔内でシース管との接触等による損傷やテンドンの破断強度低下が発生する。
- テンドンが破断すると他の残存アンカーへの緊張力が再配分され、過緊張によりテンドンが破断する可能性がある。
- テンドンが破断するとのり面の安定が確保できなくなり、のり面の崩壊が懸念されると共に、破断したテンドンの飛び出しにより第三者被害が懸念される。

9.1.3 グラウンドアンカー（受圧板・受圧構造物の変形・沈下）

【変状の事例　参考】

・軽微の損傷（詳細調査および経過観察が必要な事例）

・中程度の損傷（詳細調査および応急措置が必要な事例）

・重度の損傷（詳細調査および対策が必要な事例）

写真 9.1.3-10 受圧板・受圧構造物の変形・沈下の事例
（損傷の程度は受圧板や受圧構造物のズレや沈下・浮き上がり量で判断）

9.1.3 グラウンドアンカー（受圧構造物の劣化）

【変状の特徴】
・受圧板等の腐食（写真 9.1.3-11 を参照）
・角度調整台座等の劣化（写真 9.1.3-11 を参照）

【発生要因】
・塗装等の暴食機能低下による腐食
・紫外線等による樹脂製部材の劣化
・コンクリートの劣化による強度低下

【着目ポイント】
・腐食・劣化による断面欠損の状況
・アンカー設置角度
・コンクリート製受圧構造物のクラック幅やコンクリート剥落の度合

【道路の機能に対する影響】
・受圧構造物の劣化により機能損失・低下が起こると、角度調整台座や支圧板が傾き、テンドンに軸方向以外の力が作用する。その場合、アンカー孔内でシース管との接触等による損傷やテンドンの破断強度低下が発生する。
・テンドンが破断すると他の残存アンカーへの緊張力が再配分され、過緊張によりテンドンが破断する可能性がある。
・テンドンが破断するとのり面の安定が確保できなくなり、のり面の崩壊が懸念されるとともに、破断したテンドンの飛び出しにより第三者被害が懸念される。

9.1.3 グラウンドアンカー（受圧構造物の劣化）

【変状の事例　参考】

・軽微の損傷（詳細調査および経過観察が必要な事例）

・中程度の損傷（詳細調査および応急措置が必要な事例）

・重度の損傷（詳細調査および対策が必要な事例）

写真 9.1.3-11 角度調整台座・受圧板の劣化変状の事例
（損傷の程度はコンクリートの劣化進行具合・コンクリートの剥離程度で判断）

9.1.3 グラウンドアンカー（受圧構造物への亀裂・クラック）

【変状の特徴】

- 受圧構造物に深いクラックが発生（写真 9.1.3-12 を参照）
- 受圧構造物のコンクリートに浮き・剥離が発生（写真 9.1.3-12 を参照）

【発生要因】

- 地すべり等による設計力以上の外力が作用
- 設計力を上回るアンカー緊張力が作用

【着目ポイント】

- クラックの幅・深さ
- コンクリートの浮き・剥離の程度
- 内部鉄筋の腐食の程度

【道路の機能に対する影響】

- 受圧構造物に設計時に想定した以上の外力が作用しているので、のり面崩落等の危険がある。
- クラックの進展等により、剥離したコンクリート片が落下し、通行車両や歩行者に被害を与える可能性がある。
- クラックから浸透した雨水等により内部鉄筋を腐食させる危険がある。

9.1.3 グラウンドアンカー（受圧構造物への亀裂・クラック）

【変状の事例　参考】

・軽微の損傷（詳細調査および経過観察が必要な事例）

・中程度の損傷（詳細調査および応急措置が必要な事例）

・重度の損傷（詳細調査および対策が必要な事例）

写真 9.1.3-12 受圧構造物への亀裂・クラックの事例
（損傷の程度はクラック等の深さや幅で判断）

9.1.3 グラウンドアンカー（テンドンの破断・飛び出し）

【変状の特徴】
・キャップを突き抜けてテンドンの飛び出し（写真 9.1.3-13 を参照）
・キャップとともにテンドンが飛び出し（写真 9.1.3-13 を参照）

【発生要因】
・アンカー材の劣化による強度低下を要因とする破断
・地すべりや地下水位上昇による背面土圧の上昇によるアンカーの破断
・地震荷重等の想定外外力の作用

【着目ポイント】
・破断したテンドンの腐食状況
・破断したテンドンの破断断面形状
・破断位置（深さ）

【道路の機能に対する影響】
・アンカー拘束力の低下によるのり面の不安定化
・残存アンカーの緊張力増加
・新たにテンドンが破断すると、飛び出したテンドンにより通行車両や歩行者に被害を与える可能性がある。
・テンドンの破断によりコンクリート片が落下し、通行車両や歩行者に被害を与える可能性がある。

9.1.3 グラウンドアンカー（テンドンの破断・飛び出し）

【変状の事例　参考】

※テンドンは飛び出した時点で重度の損傷にあたるため、軽・中程度評価は存在しない。

・重度の損傷（詳細調査および対策が必要な事例）

写真 9.1.3-13 テンドンの破断・飛び出しの事例
（アンカーの破断は致命的な損傷のため、すべて重度の損傷に該当）

9.1.4 ロックボルト

【変状の特徴】

- キャップの損傷
- キャップとともに挿入鉄筋が飛び出し（写真 9.1.4-1 を参照）

【発生要因】

- 上面斜面からの落石
- 作業車や一般交通車両の接触
- 特に積雪地での、のり枠下段部では、除雪車や排雪作業時の車両接触

【着目ポイント】

- キャップ損傷の要因の分析
- 損傷したキャップに残っている接触痕と外的要因の関係性
- 頭部キャップの回転やずれ
- 定着ナット周辺の腐食状況
- 受圧板の変形（反り返り）

【道路の機能に対する影響】

- キャップ付きのロックボルトの場合には、頭部のさび止め処理がされていないため、キャップが損傷して防錆油が流出したり、劣化したりするとロックボルト頭部が腐食し、期待する強度以下で破断する可能性が高い。
- 挿入鉄筋が飛び出したり、支圧板が変形（反り返る）したりしている場合には、斜面変状が発生している可能性が高いので、排水溝や斜面上部を含めたのり面全体を詳細に観察することが重要である。
- 変状が発生した初期の段階であれば、複数の対策措置方法から適切な工法を選択することができるが、変状が進展してしまうと、交通規制を伴った大掛かりな対策が必要となり、場合よっては、初期変状を見落とした場合には、豪雨や地震により斜面崩落が発生し、通行車両を巻き込んだ被害になるおそれがある。

9.1.4 ロックボルト

【変状の事例　参考】

・軽微の損傷（詳細調査および経過観察が必要な事例）

・中程度の損傷（詳細調査および応急措置が必要な事例）

・重度の損傷（詳細調査および対策が必要な事例）

事例なし

写真 9.1.4-1 ロックボルトの損傷事例
（損傷の程度は支圧板の反り返り量や飛出し量、破損状況で判断）

9.2.1 盛土のり面（はらみだし、のり面亀裂）

【変状の特徴】

- 一般に、のり面内でのり面が下にずり落ちるような円弧状の開口が生じ、亀裂の下方のり面が盛り上がるような形状となる。
- 小規模の場合には亀裂が不明瞭な場合が多い。
- 大規模な場合には路面に亀裂が生じていることもある。

【発生要因】

- 降雨による雨水の浸透による表層部のずり落ち
- 崩壊に至る前段階での降雨の停止等による崩れかけの状態

【着目ポイント】

- 比較的雨量の多い降雨後にみられる場合が多い。
- はらみだしは潜在している崩壊範囲の全体あるいは下半分部分で隆起するような現象で、発生位置およびその範囲の大小にも注意する。
- 比較的小規模なもの（写真 9.2.1-1(a)）は、表層部のずり落ちや小崩壊の前兆の場合が多い。
- 一方、広範囲で明瞭な隆起がみられる場合には、比較的大きく崩壊する前兆であることもあり（写真 9.2.1-1(b)）、規模によってはのり面内や路面にも開口亀裂が生じている（写真 9.2.1-2）こともある。
- 規模の大小、変状の範囲は、はらみだしの位置、範囲およびはらみだしの上方に生じたのり面、路面の亀裂の範囲とはらみだしとの位置関係から確認する。

【道路の機能に対する影響】

- 広範囲で明瞭な隆起がみられたり、路面に亀裂を伴っているような場合には、将来大きく崩壊する可能性があり、崩壊規模によっては道路や周辺施設に影響することもある。
- 亀裂からの水の侵入は崩壊を促すことになるので、変状の範囲・規模を踏まえて、大きく崩壊する可能性があると判断される箇所は、措置が必要である。
- また場合によっては、排水施設にも影響することがあるので、排水施設に変状が生じていないかも確認する必要がある（写真 9.2.1-3）。

9.2.1 盛土のり面（はらみだし、のり面亀裂）

（a）小規模なはらみだし

（b）広範囲で亀裂が明瞭な事例

写真 9.2.1-1 のり面のはらみだしの例

写真 9.2.1-2　のり面の亀裂

写真 9.2.1-3　排水施設の損傷

9.2.1 盛土のり面（侵食＋崩壊）

【変状の特徴】
- 流水により盛土材が溝状に削られて、侵食範囲が拡大することで流動的に崩壊したり、場合によっては広範囲ののり面崩壊に至ることもある。
- 降雨量が少ない場合には少しずつ溝状に削られていく程度（写真 9.2.1-4）なのですぐに崩壊に至ることはないが、豪雨時に流入量が増大すると侵食速度および範囲も大きくなり流動性の崩壊に至ることもある（写真 9.2.1-5）。
- また、流入範囲が広い箇所では侵食も広範囲で生じるとともに、のり面への浸透水の影響も受け、場合によっては路面に影響するような変状が生じ（写真 9.2.1-6）、広範囲の崩壊に至ることもある（写真 9.2.1-7）。

【発生要因】
- 主に路面や排水施設からの表流水の流入により発生する。
- 盛土施工直後で侵食されやすい砂質系の盛土材で構築された盛土では、豪雨によりのり面で生じることもある。

写真 9.2.1-4 路肩部の侵食

写真 9.2.1-5 流動性の崩壊

写真 9.2.1-6 路肩部の侵食と路面亀裂

写真 9.2.1-7 広範囲の崩壊

9.2.1 盛土のり面（侵食＋崩壊）

【着目ポイント】

侵食および侵食に伴う崩壊は次のような箇所で生じやすい。

・横断勾配がのり面側に下がっており、縦断勾配が凹状になっている箇所（写真 9.2.1-8）や縁石およびアスカーブ等の構造端部（写真 9.2.1-9）。

・排水溝の交差部では豪雨時に溢水して縦排水施設の側部が大きく侵食されることがある（写真 9.2.1-10、11）。

【道路の機能に対する影響】

・降雨量が少ない場合には少しずつ溝状に削られていく程度（写真 9.2.1-8）なのですぐに交通機能に影響が生じることはないが、侵食量が大きくなるとのり面崩壊に発展することもあり、場合によっては路面に影響するような変状が生じることもある(写真 9.2.1-5～7)。

写真 9.2.1-8 凹箇所の侵食

写真 9.2.1-9 構造端部の侵食

写真 9.2.1-10 縦排水施設側部の侵食 1

写真 9.2.1-11 縦排水施設側部の侵食 2

9.2.1 盛土のり面（路面亀裂（馬蹄形状・カスガイ形状）＋湧水＋崩壊）

【変状の特徴】

- 盛土規模やのり面の崩壊規模によって、路肩付近～路線内と亀裂の入る位置が異なる。
- 亀裂形状は、一般にのり面側に開いた馬蹄形やカスガイ形となるが、集水地形の盛土で水の流れやすい箇所に横断排水管や側溝等の構造物がある場合には、その周辺に沿うような形で発生することもある。
- 亀裂は状況によっては路面の崩落直前まで亀裂が目立ちにくいこともある。

【発生要因】

- 盛土材の不良（スレーキング性材料等）や締固め不足の盛土において、盛土背面やのり面からの浸透水への排水機能が不十分で盛土内水位が恒常的に高い傾向にあると、降雨や地震により盛土の沈下や滑りが生じ、路面の沈下・亀裂が発生する。
- また、集水地形の盛土では、切盛境などの水の流れやすい箇所に設置した構造物境界の水の移動に伴う盛土材の吸い出し・流出による沈下や空洞化が発生することがある。特に、排水施設の損傷に起因して盛土内に水の流れが生じることで、盛土材が吸い出され沈下や空洞化が発生しやすくなる。

【着目ポイント】

- のり面崩壊の予兆となる亀裂は、のり面に向かって開いた馬蹄形あるいはカスガイ形の形状となる（写真9.2.1-12、13）。
- このような形状の亀裂が生じている盛土においては、盛土内に背後の地山から浸透水が供給されて比較的盛土内の水位が高い状態にあることが多く、盛土周辺は湿潤状態にありシダ類やコケ類などの湿潤環境を好む植物も多くみられる。
- 谷埋め盛土等の集水地形上の盛土は、上記のような状況になりやすいので注意が必要である。
- 集水地形上の盛土では、横断排水管や側溝等の周辺といった流水が生じやすい構造物境界における亀裂の発生状況に注意するのがよい。特に横断管などの排水施設の損傷に起因して盛土内に水の流れが生じて盛土材が吸い出され、沈下や内部の空洞化が生じることがあり、構造物近傍ののり面の湧水状況も合わせて確認するのがよい。
- 亀裂からの水の侵入はのり面崩壊を促すことになるので、措置を行う必要がある。そのうえで、のり面周辺状況を確認するとともに降雨状況と亀裂の開口の進行性をモニタリングするのがよい（写真9.2.1-14）。
- 降雨時、降雨後はもちろんのこと、無降雨時にも亀裂の開口が進行するようであれば、詳細調査および対策の検討をするのがよい。

9.2.1 盛土のり面（路面亀裂（馬蹄形状・カスガイ形状）＋湧水＋崩壊）

・盛土のり面内、のり尻などの端部では多くの湧水が確認されるので（写真 9.2.1-15）、降雨前およびこう雨後の湧水の変化状況も合わせて確認するのがよい。
・湧水箇所では部分的にのり面表層が崩壊していることもある（写真 9.2.1-16）。
・降雨時や降雨後に著しい亀裂の進行がみられない場合でも、盛土内水位が高くのり尻部で泥濘化や小崩落等のゆるみが生じている箇所では、地震により崩壊する危険性がある。

【道路の機能に対する影響】
・崩壊時には路面の段差や欠損が生じ、道路の交通機能の一部あるいは全部が損なわれる。また、崩壊規模によっては周辺施設への影響も大きくなる。
・特に集水地形上の高盛土の箇所では崩壊規模が大きくなりやすい（写真 9.2.1-17）ため、詳細調査および必要に応じた対策を検討するのがよい。

【変状の事例】

写真 9.2.1-12 路面に生じた馬蹄形の亀裂

写真 9.2.1-13 崩壊に伴い発生した亀裂・段差

写真 9.2.1-14 路面の補修後に再度発生した亀裂

9.2.1 盛土のり面（路面亀裂（馬蹄形状・カスガイ形状）＋湧水＋崩壊）

写真 9.2.1-15 のり尻部の湧水

写真 9.2.1-16 湧水を伴う部分崩壊

（a）地震による崩壊

（b）豪雨による崩壊

写真 9.2.1-17 谷埋め盛土の崩壊例

9.2.1 盛土のり面（路面亀裂（馬蹄形状・カスガイ形状）＋洗堀・吸い出し＋崩壊）

【変状の特徴】

・盛土規模や内部構造、盛土内の地下浸透水の状況などによって、路肩付近から路線内と亀裂の入る位置が異なる。

・亀裂形状は、盛土内の水の移動経路や道路構造、発生規模や位置によって異なり、馬蹄形、カスガイ形や楕円形などさまざまな形状となり、状況によっては路面の崩落直前まで亀裂が目立ちにくいこともある。

【発生要因】

・盛土内の浸透水の移動に伴う盛土材の長期間にわたる流出により盛土の沈下や空洞化により発生。

・河川や海岸線沿いなど水位の増減が生じ流水等の攻撃面にあたるような箇所では、護岸構造物の下部の洗堀や水の侵入・排水が繰り返されることにより、盛土材が流出し沈下や内部の空洞化が生じることがある。

【着目ポイント】

・予兆となる亀裂は、盛土内の水の移動経路や道路構造、発生規模や位置によって異なり、馬蹄形、カスガイ形や楕円形などさまざまな形状となり、比較的中央部に微細な沈下が生じていることがある（写真 9.2.1-18）。

・河川や海岸線沿いなど水位の増減が生じ流水等の攻撃面にあたるような箇所で、このような形状の亀裂が生じている盛土においては、洗堀や吸い出しによる沈下・空洞化が進行している可能性があることから、護岸下部の状況を確認するための詳細調査を検討するのがよい。

・亀裂からの水の侵入は路面陥没を促すことになるので、措置を行う必要がある。そのうえで、盛土の設置箇所や構造などを勘案し、吸い出しや空洞化の進行の可能性が考えられる場合には詳細調査を検討するのがよい。

・降雨時、降雨後はもちろんのこと、無降雨時にも亀裂の開口が進行するようであれば、詳細調査および対策の検討をするのがよい。

【道路の機能に対する影響】

・崩壊時には路面の段差や欠損が生じ、道路の交通機能の一部あるいは全部が損なわれる。また、崩壊規模によっては周辺施設への影響も大きくなる。

・特に、河川護岸では洪水時には護岸が倒壊・流出し規模が大きくなりやすい（写真 9.2.1-19、20）ため、渇水期など水の影響が比較的小さい時期に詳細調査を検討する他、必要に応じて対策を検討するのがよい。

9.2.1 盛土のり面（路面亀裂（馬蹄形状・カスガイ形状）＋洗掘・吸い出し＋崩壊）

【変状の事例】

写真 9.2.1-18 路面に生じた沈下に伴う亀裂の例

写真 9.2.1-19 河川護岸の下部の洗掘・吸い出しと崩壊の例

写真9.2.1-20 吸い出し・空洞化に伴う路面崩落の例

9.2.2 カルバート（上部道路または内空道路の亀裂および段差）

【変状の特徴】

・上部道路面にカルバート軸方向に沿った亀裂または段差（盛土とカルバートの境目の位置）（写真 9.2.2-1、2）

・上部道路面の段差に伴い上部道路高欄や防護柵の傾斜（写真 9.2.2-3）がみられることもある。

・上部道路面でも、盛土とカルバートの境目の位置に限らず、縦断方向の亀裂や不規則な亀裂として現れることもある。

・内空道路のカルバート取付け部や継手位置における横断方向の亀裂または段差（写真 9.2.2-4）

・内空道路面でも、亀裂が全体的に現れる場合、局所的、不規則に現れる場合がある（写真 9.2.2-5）。

9.2.2 カルバート（上部道路または内空道路の亀裂および段差）

写真 9.2.2-1 上部道路面の亀裂

写真 9.2.2.-2 上部道路面の亀裂と植物の繁茂

写真 9.2.2-3 上部道路防護柵の傾斜

写真 9.2.2-4 内空道路面の亀裂

写真 9.2.2-5 局所的でひびわれ幅や深さの小さな亀裂の例

9.2.2 カルバート（上部道路または内空道路の亀裂および段差）

【発生要因】

・上部道路でカルバート軸方向に沿って亀裂や段差、防護柵の傾きが生じた場合、盛土とカルバートの不同沈下が起こっており、上部道路の段差の進展やカルバート本体の沈下や変位に伴うカルバート内空への影響が生じる可能性がある。
・内空道路面でカルバート取付け部や継手の位置で横断方向に亀裂や段差が生じた場合、カルバートブロック間の不同沈下や盛土の変形が生じており、進展すると内空道路の安全な通行に支障となり得る。
・上記のような道路の亀裂や段差は、常時における基礎地盤の圧密沈下や盛土の変形の進行、地震時における盛土の大変形のいずれによっても起こり得る。
・寒冷地で上部道路の縦断方向にも幅の広い亀裂が入る場合は凍上の影響が考えられ、上部道路舗装の路床・路盤の支持力低下に伴う舗装のひびわれの進展や、カルバートに凍上による周辺盛土の変形を拘束する力（凍上力）が加わることによるカルバート本体のひびわれが生じる可能性がある。これらの進展の程度によっては、カルバートの耐荷力にも影響が生じ得る。
・その他、上部道路、内空道路とも不規則な位置や方向で現れる亀裂は舗装材の劣化によると考えられるが、亀裂の幅や深さが増す、他の亀裂と亀甲状をなすなどすると、著しい段差や舗装の欠損により、道路の安全な通行に支障となり得る。

【着目ポイント】

上部道路や内空道路に亀裂や段差が生じると、その進展の状況によっては上部道路や内空道路としての機能に影響が生じる場合があるため、以下の点に着目して点検を行う。

・上部道路盛土に常時水の供給がある場合や、供給された水が十分に排水されない場合は、盛土の含水比が上昇して盛土の変形や沈下が起こりやすくなる。そのため、地形条件等から盛土への水の供給状況を把握のうえ、排水施設に漏水箇所や排水の妨げとなる土砂の詰まりがあれば、補修や土砂の除去が必要である。
・基礎地盤の沈下が長期間続き、通行上支障となる内空道路面の亀裂や段差の進展に至ることが想定される場合は、カルバート基礎形式や基礎地盤の土質、改良条件から、沈下量や沈下の続く期間を予測のうえ、措置が必要である。
・寒冷地で土かぶりが薄い、地中の深さ方向に温度変化がある、盛土が細粒分を含んでいる、地下水位が高く未凍土側から凍結面へ水分が供給されやすいといった条件を含む場合、凍上を要因とする上部道路のひびわれやカルバート本体のひびわれも起こりやすくなる。そのため、こうした条件を改善できる方法による措置が必要である。

9.2.2 カルバート（上部道路または内空道路の亀裂および段差）

・不規則な位置や方向で局所的に現れた、単独では軽微と考えられる亀裂であっても、放置すると著しい段差や舗装の欠損に至ると考えられるものについては、経過観察や適切な時期での措置が必要である。

【道路の機能に対する影響】

・局所的であっても上部道路または内空道路面の亀裂の幅や深さ、段差の増大、舗装の欠損が生じると、安全な通行の妨げとなり、利用者被害に至る可能性がある（写真 9.2.2-6、7）。また、補修のため一時的に通行規制が必要になる可能性もあるため、こうした変状については軽微な状態の時から、進展がないか確認する必要がある。

写真 9.2.2-6 上部道路の通行に支障をきたす段差

写真 9.2.2-7 内空道路の通行に支障をきたす段差

9.2.2 カルバート（滞水）

【変状の特徴】

・通常の天候時においてもカルバート内空に水がたまる状態（写真 9.2.2-8）

【発生要因】

・継手部の止水材や内空を通る導水工の破損部からの水の流入（写真 9.2.2-9）
・カルバート坑口からの水の流入
・上部道路からの伝い水
・部材コンクリートの貫通したひびわれからの水の流入
・排水施設の機能不全による溢水

写真 9.2.2-8 排水不良による水たまり

写真 9.2.2-9 止水材破損部からの持続的な水の流入

【着目ポイント】

・継手部の止水材や導水工の破損部分、部材コンクリートの貫通したひびわれから、天候に関係なく漏水が常時みられる場合、盛土が集水しやすくなっている可能性が高い。破損部分を補修して内空への漏水を防ぐとともに、盛土の排水施設の詰まりを除去するなどして、盛土からの排水が適切なものとなるよう措置が必要である。また、盛土の状態についても、のり面や上部道路面の変状から緩み（間隙比の増大、有効応力の低下）や変形が疑われる箇所がないか確認が必要である。
・アンダーパスなど、カルバート軸方向中央に向かって下り勾配を有するカルバートでは、構造上内空に水が残りやすいため、内空の排水溝の詰まりを防ぐことが必要である。
・寒冷地のカルバートでは、冬季に内空の漏水部分が凍結し、氷柱ができることがある。氷柱の落下による利用者被害のおそれがある場合、氷柱を速やかに除去する必要がある。

9.2.2 カルバート（滞水）

【道路の機能に対する影響】

・通常の天候時でも内空への水の流入が継続的にみられる状況や、内空を排水しても新たな水たまりができる状況を放置すると、内空が湛水（写真 9.2.2-10）して利用者被害のおそれや、内空の水が排水されるまでの間の通行に支障をきたす可能性がある。

写真 9.2.2-10 カルバート内空の湛水

・坑口以外からの水の流入の場合、カルバート周辺の盛土が集水し、盛土が緩んでいる可能性が高い。寒冷地の場合、周辺の未凍結部分からの地中水が凍結・融解した際に、残存する凍結部分によって排水が妨げられた部分では含水比が高く、緩んだ状態となり、安定性も低下している可能性が高い。

・集水したり緩んだ部分を有する盛土は、地震時の間隙水圧上昇や豪雨を受けて崩壊する危険性が高い。盛土が崩壊すると、上部道路に著しい亀裂や段差が生じ、通行に支障をきたすとともに、復旧までの間、全面的または部分的な通行規制を余儀なくされる可能性もある。

9.2.2 カルバート（土砂の流入）

【変状の特徴】

・カルバート内空への土砂流入（写真 9.2.2-11、12）

写真 9.2.2-11 破損した継手部からの土砂の流入

写真 9.2.2-12 流入した土砂

写真 9.2.2-13 坑口からの流入で撤去が容易な程度の土砂の堆積の例

【発生要因】

・止水材や内空を通る導水工の破損部からの土砂の流入（写真 9.2.2-11、12）
・カルバート坑口付近の侵食や車両からの粉塵等による坑口からの土砂の流入（写真 9.2.2-13）

【着目ポイント】

・カルバート内空への土砂の流入には、坑口からの排水溝を経由した流入、車両の通行に伴う粉塵としての流入、導水工の破損部からの漏水に混じった流入、継手部の止水材の破損部からの流入がある。排水溝等、内空からの定期的な土砂の撤去、漏水部の補修、連結部の補修により内空への土砂の堆積を防ぐ対応が考えられる。

・継手部や導水工の破損部からの土砂の流入が継続的に起こり、流入量が多くなっている場合や、流入した土砂が水分を多く含んでいる場合は、背面の盛土が緩んでいる可能性や盛土内に緩みによる進行性の空洞が形成される可能性が高い。盛土からの排水状況についても確認し、排水不良がみられる場合は、排水施設の清掃や補修が必要である。
・土砂の流入が坑口からのみでも継続的であり、内空の路面管理が十分でない場合は、土砂が堆積して排水溝の詰まりや内空の通行上の支障となることが想定されるため、定期的な土砂の除去が必要である。

【道路の機能に対する影響】
・継手部や導水工の破損部から、水分を多く含む土砂が継続的に流入、堆積量が増え続ける状況を放置すると、内空が閉塞され、通行に支障をきたす可能性がある(写真9.2.2-14)。
・この時、カルバート周辺の盛土に集水や緩みが生じている可能性があり、こうした部分を有する盛土は、地震時の間隙水圧上昇や豪雨を受けて崩壊する危険性が高い(写真9.2.2-15)。盛土が崩壊すると、上部道路に著しい亀裂や段差が生じ、通行に支障をきたすとともに、復旧までの間、全面的または部分的な通行規制を余儀なくされる可能性もある。
・土砂の流入は緩やかでも、内空の土砂の堆積が進んでいる場合、盛土に緩みによる進行性の空洞が生じ、盛土の陥没による上部道路の著しい亀裂・段差や、それに伴い通行に支障をきたす事態に至るおそれがある。また、排水施設が詰まり、十分な機能を発揮できないことによる二次的な影響が懸念されるため、堆積量が少ないうちからの土砂の除去が望ましい。

写真9.2.2-14 流入した土砂による内空の閉塞

写真9.2.2-15 周辺盛土の集水の例

9.2.2 カルバート（ウイング取付部のずれ・開き）

【変状の特徴】

カルバートのウイングは、坑口に設けられ、周辺盛土の崩壊を抑える機能が期待される部分である。盛土に影響を与える変状として、以下のようなものがある。

- ウイング取付部とカルバート坑口の間に隙間や段差がみられる。
- 隙間や段差の大きさは、空間的に偏っている場合もある（写真 9.2.2-16）。
- ウイングの盛土への擦付部と盛土の間に隙間がみられる。
- これらの隙間から盛土材がこぼれ出している場合もある（写真 9.2.2-17）。

写真 9.2.2-16 盛土への擦付部との隙間（幅に空間的偏りあり）

写真 9.2.2-17 盛土への擦付部からの土砂のこぼれ出し

【発生要因】

- ウイング取付部とカルバート坑口の継目の止水材の劣化・破損
- カルバート周辺盛土の変形・緩みや内部の空洞の発生
- カルバートと盛土の不同沈下

【着目ポイント】

ウイング取付部とカルバート坑口の継目の止水材自体の変状以外の以下のような変状に着目する必要がある。

- ウイング取付部とカルバート坑口の継目に段差がみられる場合、背面の盛土が変形している可能性があり、カルバート側壁やウイングを傾斜させるようなものでないか確認が必要である。
- ウイング取付部とカルバート坑口との隙間、ウイングの盛土への擦付部と盛土との隙間が大きくなり、そこから土砂の露出やこぼれ出しがみられる場合、背面盛土の変形・緩み・空洞の形成が考えられる（写真 9.2.2-17）。

9.2.2 カルバート（ウイング取付部のずれ・開き）

・隙間や段差の量が空間的に偏っている場合は、背面盛土の変形や緩みが不均一に生じている可能性がある。隙間や段差の大きさが異なる場合には複数箇所で経過観察を行い、盛土の変形の全体像や進展状況を把握して、適切な措置につなげる必要がある。

・隙間からの湧水、苔や植物の繁茂がみられる場合は盛土が集水している可能性が高く、盛土からの排水状況について確認が必要となる（写真 9.2.2-18）。

写真 9.2.2-18 ウイング取付部・盛土への擦付部の隙間における植物の繁茂

9.2.2 カルバート（ウイング取付部のずれ・開き）

【道路の機能に対する影響】

・隙間から土砂や水の流出が多くみられる、または持続している場合、背面の盛土の変形・緩みや空洞の形成が進行していて、降雨や地震を契機に崩壊しやすくなる。盛土が崩壊すると、上部道路に著しい亀裂や段差が生じる、崩壊土砂が内空を閉塞するなどにより、通行に支障をきたすとともに、復旧までの間、全面的または部分的な通行規制を余儀なくされる可能性もある（写真 9.2.2-19）。

写真 9.2.2-19 ウイングおよび盛土の崩壊

9.2.2 カルバート（継手部のずれ・開き）

【変状の特徴】

継手部は、カルバートブロック同士が不同沈下に追随しつつ、一体性を有するよう、遊間を設けて設置されるカルバートブロック同士を止水材で接続している部分である。継手部の変状としては、以下のようなものがある。

- カルバートブロック間に段差や隙間がみられる（写真 9.2.2-20～22）。
- 段差や隙間の量は空間的に偏っている場合もある（写真 9.2.2-23）。
- 段差は、頂版や側壁にみられるほか、継手部位置の内空道路面から確認される場合もある。

写真 9.2.2-20 継手部の段差（水平方向）

写真 9.2.2-21 継手部の段差（鉛直方向）

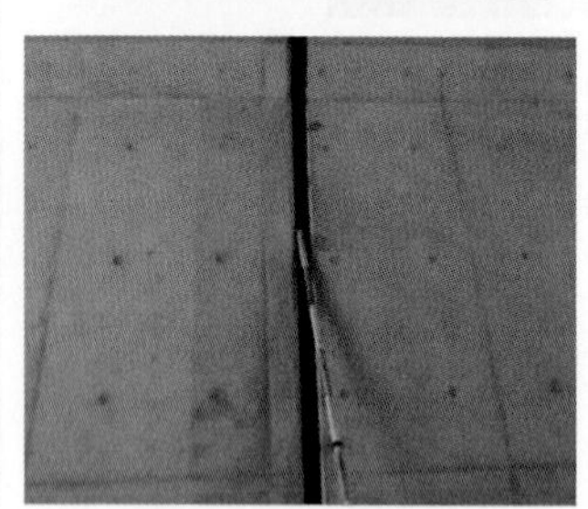

写真 9.2.2-22 継手部の隙間

写真 9.2.2-23 継手部の隙間
（幅が空間的に偏っている例）

9.2.2 カルバート（継手部のずれ・開き）

・隙間からの水や土砂の流入を伴う場合がある（写真 9.2.2-24、25）。

写真 9.2.2-24 継手部からの継続的な水の流入

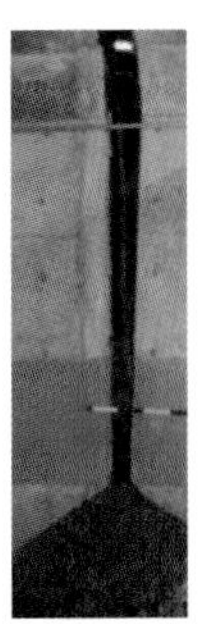

写真 9.2.2-25 継手部の開口からの土砂の流入

【発生要因】
・カルバート周辺盛土の変形
・カルバートブロック間の不同沈下
・基礎地盤の沈下
・止水材の破損

【着目ポイント】

継手部の変状は比較的多くみられ、道路機能にも影響を与え得るので、点検における重要な確認箇所となる。初期には止水材の破損として確認されやすいが、止水材の劣化のみ（写真 9.2.2-26）であるか、カルバートブロック間のずれや開きを伴うかの確認が必要である。後者の場合は、以下に示すような変状やその発生要因、変状の進展状況の確認を踏まえた措置が必要である。

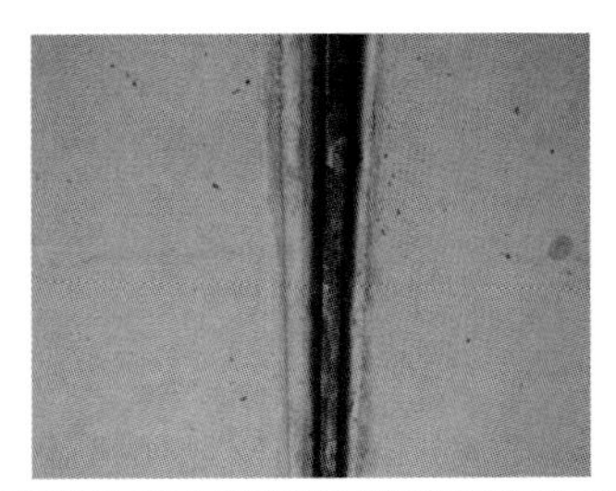

写真 9.2.2-26 止水材の変状（部材の劣化のみ）の例

9.2.2 カルバート（継手部のずれ・開き）

・隣接するカルバートブロック間で、頂版や側壁の面上で段差が生じている場合や、遊間の幅が広がっている場合、背面盛土の変形や基礎地盤の沈下に伴ってカルバートブロック間で相対変位や不同沈下が生じた可能性が高く、その影響がカルバート内空道路の亀裂や段差、水路カルバートの場合は排水状況の変化として現れる可能性がある。
・特に、切り盛り境部をまたぐカルバートブロック間の不同沈下では、当該箇所の盛土の沈下や段差が生じ、上部道路の亀裂や段差として影響が現れる可能性が高い。
・遊間の幅の広がり方やカルバートブロック間の段差の大きさが空間的に偏っている場合、背面盛土の変形や基礎地盤の沈下が不均一に生じている可能性がある。隙間や段差の大きさが異なる複数箇所で経過観察を行い、盛土の変形の全体像や進展状況を把握して、適切な措置につなげる必要がある。
・継手部から常時水や土砂の流入がある場合、背面盛土が集水して緩んでいる他、進行性の空洞が形成されている可能性がある。盛土からの排水状況についても確認が必要である。盛土からの排水状況についても確認し、排水不良がみられる場合は、排水施設の清掃や補修が必要である。

【道路の機能に対する影響】
・遊間部の幅やカルバートブロック間の段差が大きい、あるいは拡大し続ける場合、隙間からの土砂や水の流入を伴う場合は、基礎地盤の沈下や背面の盛土の変形・緩み・空洞の形成が進行している可能性が高い。
・隙間や段差の量が空間的に偏っている場合には進行具合も不均一な可能性が高い。こうした状況が放置されると、内空道路および上部道路ともに通行の支障となる可能性がある。
・内空道路では、路面の亀裂や段差、開いた継手部からの土砂や水の流入による内空の閉塞により通行に支障をきたす可能性がある。内空を閉塞するような大量の土砂の流入がある場合には、カルバート背面盛土の吸出しや崩壊に至り、上部道路にも著しい亀裂や段差が生じて通行に支障をきたす可能性がある。
・上記のような変状が降雨や地震等を契機に発生しやすくなり、上部道路および内部道路ともに通行に支障をきたすとともに、復旧までの間、全面的または部分的な通行規制を余儀なくされる可能性もある。

9.2.2 カルバート（洗掘）

【変状の特徴】

・水路として供用されるカルバートにおいて、カルバート周辺の基礎地盤や盛土が水の流れにより洗い流され、カルバート直下に空洞が生じる（写真 9.2.2-27）。

【発生要因】

・付近の水の流れによる洗掘

【着目ポイント】

・水路カルバート直下の空洞は、長期間にわたり進展し、カルバート底版下面と洗掘後の基礎地盤の表面の隙間が大きくなっている場合がある。常時ではカルバートが周辺盛土に拘束されていて著しい沈下や傾斜に至っていなくても、豪雨や地震を契機に周辺盛土や上部道路の通行へも大きな影響を及ぼし得るため、点検時の把握と情報共有が重要な変状の１つである。

【道路の機能に対する影響】

・豪雨や地震を契機に、カルバートの沈下や傾斜、周辺盛土の盛土材の吸い出しと盛土内の空洞形成が進みやすくなり、カルバートの抜け出しが起こる可能性がある。
・カルバートの抜け出しが生じると、カルバート内を流れることを想定されていた水が周辺盛土に浸透して、盛土を不安定化させる。盛土の不安定化は空洞形成によっても進み、盛土の崩壊やそれに伴う上部道路の通行機能喪失を生じる可能性がある。

写真 9.2.2-27 カルバート底版直下の洗掘による空洞発生の例

9.2.2 カルバート
（ひびわれ・うき・剥離・鉄筋露出・錆汁・漏水・遊離石灰等コンクリート部材の変状）

【変状の特徴】

コンクリート部材の変状には、以下に示すようにひびわれ、うき、剥離、鉄筋露出、錆汁、漏水、遊離石灰等多様なものがある。

- ひびわれについては、発生位置、方向、幅、深さ、長さ等が多様なものがあり、発生要因も異なる。確認された各ひびわれに対し、発生要因や進展可能性の推定と、それを踏まえた適切な措置が必要である。幅や深さがあるひびわれ、密集して生じるひびわれには特に注意を要する。
- コンクリート表面に剥がれかかった小さな塊（うき）、または表面の一部が剥がれた跡（剥離）が見える場合がある。
- コンクリート表面が剥がれた部分から鉄筋が見える（鉄筋露出）。鉄筋が腐食している場合もある（写真 9.2.2-28）。
- コンクリート表面に水がしたたり落ちる様子やその跡がみられる（漏水）。こうした部分が赤茶色に見える場合（錆汁）や、白く粉が浮いたようにみえる場合（遊離石灰）もある（写真 9.2.2-29）。

写真 9.2.2-28 コンクリートの剥離・鉄筋露出・鉄筋腐食

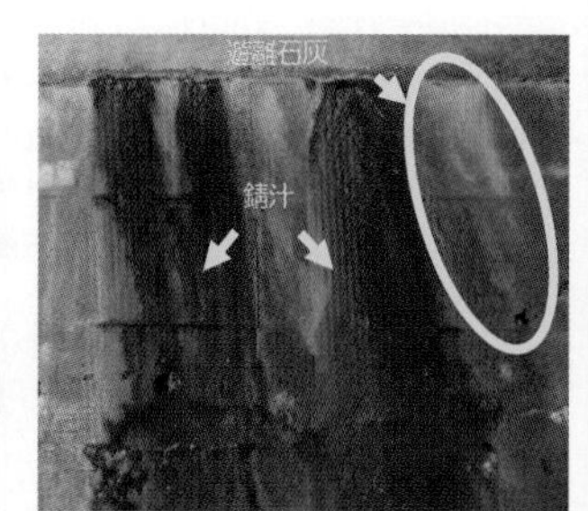

写真 9.2.2-29 遊離石灰や錆汁を伴う漏水

【発生要因】

- コンクリートのひびわれの発生要因としては、上載荷重や地震時荷重等のような外力の作用、乾燥収縮や温度応力のようなコンクリートの材料特性に起因する要因とがある。各ひびわれについて、発生位置や方向等の特徴から要因を適切に推定する必要がある。
- コンクリートのうき・剥離は、主に打設不良が要因と考えられるが、進展した複数のひびわれに囲まれた領域がうき・剥離となる場合がある。

9.2.2 カルバート
（ひびわれ・うき・剥離・鉄筋露出・錆汁・漏水・遊離石灰等コンクリート部材の変状）

・鉄筋露出は、主に打設不良によるかぶり不足が要因と考えられるが、うきが剥離に至るまたは措置としてたたき落されることによっても生じる。
・鉄筋腐食は、露出した鉄筋が直接外気や水分に触れる、または露出していない鉄筋がコンクリートのひびわれ箇所や連結部・導水工の破損部分等から流入した空気や水分に触れることで起こる。後者の場合、コンクリート内部に流入して鉄筋の錆と混ざった赤褐色の水が錆汁としてコンクリート表面に現れることがある。
・遊離石灰は、コンクリート内部に流入した水分にコンクリート中のカルシウム分が混ざり、コンクリート表面に浮き上がることで生じる。

【着目ポイント】
特徴的なコンクリート部材の変状としては、以下のようなものがあり、同時に多数発生する変状の中から、点検時点では軽微なものであっても進展可能性の高いものや利用者被害につながる可能性のあるものを見落とさないことが重要である。

上載荷重によるひびわれ・偏土圧によるひびわれ

頂版の中央付近にカルバート縦断方向のひびわれが狭い間隔で密集している場合、上載荷重による影響が考えられる（写真 9.2.2-30）。

土かぶりの薄いカルバートでは、上部道路の活荷重による影響が考えられ、活荷重の繰り返しにより、ひびわれの幅や深さ、本数が増す可能性があるため、時系列的な進展状況の確認が必要である。

土かぶりの厚いカルバートでは、上載土圧による影響が考えられる。

縦断方向ひびわれが頂版の中央ではなく横断方向左右の片側に集中してみられる場合は、偏土圧による影響が考えられる。斜角を有する（上部道路の盛土と斜めに交わる）カルバートや坑口形状が左右非対称なカルバートで多くみられ、特定の部位に弱点箇所を生じる可能性があるため、時系列的な進展状況の確認が必要である。

コンクリートの劣化や利用者被害につながる可能性のある変状

発生位置によらず、幅・深さ・長さを増したひびわれについては、他のひびわれと交わって亀甲状（写真 9.2.2-31）になり、その部分がうき・剥離となって落下して利用者被害を生じることや、貫通して漏水を生じることがないか、経過観察が必要である。

ひびわれが貫通すると、そこを伝って上部道路や盛土内からの水の流入が進む場合があり、周辺の部材の劣化等の要因となるので、止水等の措置が必要である。

9.2.2 カルバート
（ひびわれ・うき・剥離・鉄筋露出・錆汁・漏水・遊離石灰等コンクリート部材の変状）

漏水の形跡は、コンクリート表面に水が滲み出た状態、それが凍結した氷柱、遊離石灰、錆汁等として確認されるが、特に錆汁が出ている場合は、鉄筋腐食に至り、部材としての耐荷力が低下している可能性があるので、経過観察や状況に応じた措置が必要である（写真9.2.2-32、33）。漏水の程度は現場条件や同一のカルバートでも発生箇所により異なっていて、比較的軽微と考えられるものであっても、進展可能性が低いと判断されるまでは経過観察が必要である。

うきや鉄筋露出（写真9.2.2-34）については、局所的で進展可能性が低く軽微なものであっても落下すると利用者被害に至る可能性があることから、経過観察と落下の兆しがみられた場合の措置が必要である。

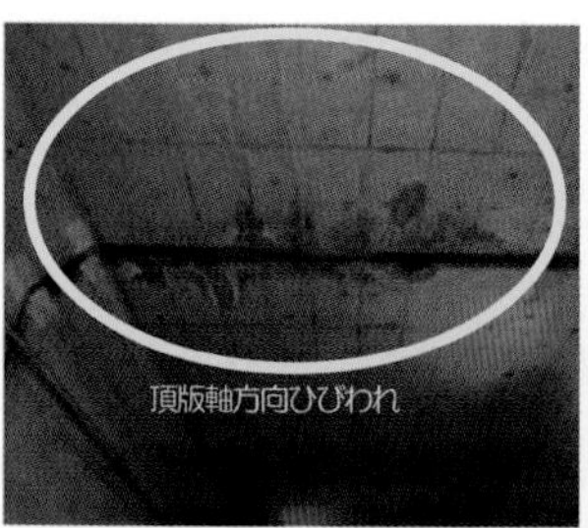

写真9.2.2-30 頂版中央付近のカルバート軸方向ひびわれ

写真9.2.2-31 亀甲状のひびわれ

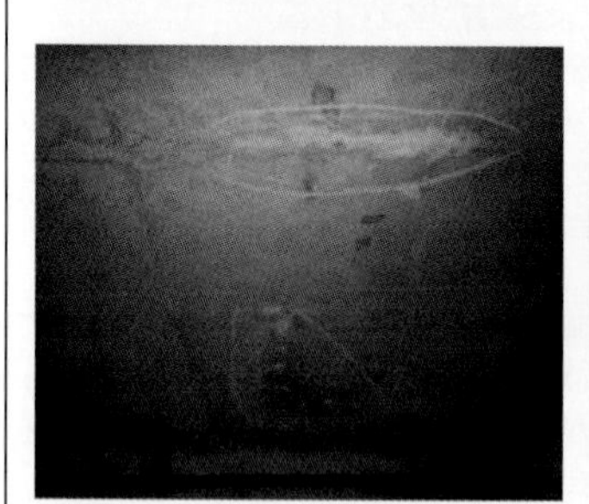

写真9.2.2-32 局所的で進展可能性の低い遊離石灰の例

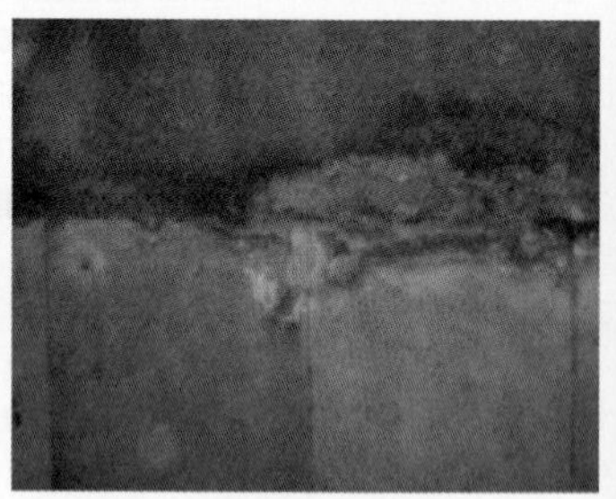

写真9.2.2-33 局所的で進展可能性の低い鉄筋露出・錆汁の例

写真 9.2.2-34 局所的な鉄筋露出の例

局所的であるが顕著なひびわれ

幅や深さ、長さのある顕著なひびわれが局所的にみられた場合、施工時のコンクリート打設不良等が疑われる（写真 9.2.2-35）。施工記録等から原因を推定できる場合は、原因に応じた部分的な補修が考えられる。情報がなく原因を推定できない場合は、水の流入や鉄筋腐食を予防しながら経過観察する措置が必要である。

写真 9.2.2-35 局所的・顕著なひびわれの例

9.2.2 カルバート
（ひびわれ・うき・剥離・鉄筋露出・錆汁・漏水・遊離石灰等コンクリート部材の変状）

乾燥収縮・温度応力によるひびわれ

多くのカルバートの側壁において、底版から立ち上がる、または頂版から下に向かう鉛直ひびわれが 1m ないし 3m 程度の間隔でみられる（写真 9.2.2-36）。これらは乾燥収縮・温度応力によるひびわれで、一般に進展可能性は低く、カルバートや盛土の機能への影響もほとんどないと考えられる。

側壁で鉛直ひびわれ以外にみられるひびわれや、頂版やウイングで幅・深さ・長さとも大きくないひびわれとして不規則な方向や発生位置でみられるものもあるが、これらも乾燥収縮や温度応力といったコンクリートの強度発現機構に起因するもので、必ずしも進展可能性の高いものとは限らない（写真 9.2.2-37、38）。

写真 9.2.2-36 側壁の鉛直方向ひびわれの例

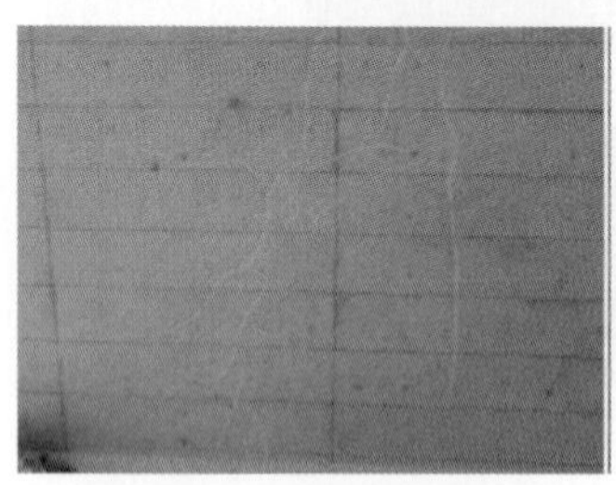

写真 9.2.2-37 乾燥収縮による側壁のひびわれの例
（ひびわれ幅小、進展可能性低）

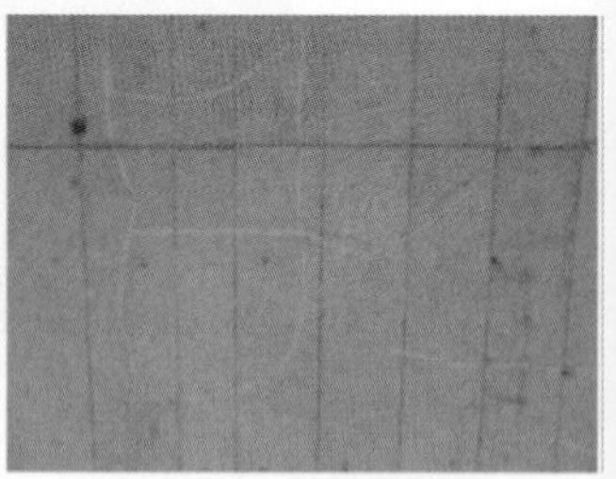

写真 9.2.2-38 乾燥収縮による頂版のひびわれの例
（ひびわれ幅小、進展可能性低）

9.2.2 カルバート
（ひびわれ・うき・剥離・鉄筋露出・錆汁・漏水・遊離石灰等コンクリート部材の変状）

【道路の機能に対する影響】

・各種変状が進展して頂版や側壁のコンクリートのかぶり不足や鉄筋腐食に至り、部材の耐荷力が著しく低下した場合、土圧や上載荷重に抵抗できず、変形や破壊に至り、内空の通行の安全上支障をきたす可能性がある（写真 9.2.2-39）。補修は大規模なものとなり、通行規制が広範囲や長期間にわたって、道路機能への影響が大きい。

・うき・剥離に至ったコンクリート片、漏水部に生じた氷柱、遊離石灰が氷柱状に固化した塊（写真 9.2.2-40）、取付部のゆるんだ付属物の部品等が落下すると利用者被害に至り、内空の安全な通行上支障となるおそれがある。

写真 9.2.2-39 部材の耐荷力低下が懸念される状況の例

写真 9.2.2-40 遊離石灰が氷柱状に固化した例

9.2.2 カルバート（プレキャストカルバートの変状）

【変状の特徴】

プレキャストカルバートでは、以下に示すような各ブロックの変状、場所打ちカルバートとも共通する変状のいずれも発生する可能性がある。

・各ブロックのひびわれ（写真 9.2.2-41）、ブロック端部の欠損（写真 9.2.2-42）
・各ブロック間の段差（写真 9.2.2-43、44）、継手部や接合部の開き（写真 9.2.2-45）
・内空道路や上部道路に亀裂や段差が生じる場合がある（写真 9.2.2-46、47）。
・ウイングや擁壁の取付部とカルバート坑口の間の隙間や段差（写真 9.2.2-48、49）

写真 9.2.2-41 各ブロックのひびわれ

写真 9.2.2-42 ブロック端部の欠損

写真 9.2.2-43 接合部の段差（水平方向）

写真 9.2.2-44 接合部の段差（鉛直方向）

9.2.2 カルバート（プレキャストカルバートの変状）

写真 9.2.2-45 接合部の開き

写真 9.2.2-46 内空フーチング部の段差

写真 9.2.2-47 上部道路の段差

写真 9.2.2-48 擁壁との段差（水平方向）

写真 9.2.2-49 擁壁との段差（鉛直方向）

9.2.2 カルバート（プレキャストカルバートの変状）

・各部の隙間の開き方や段差の大きさが空間的に偏っている場合や、各部の隙間から漏水や土砂のこぼれ出しがみられる場合がある（写真 9.2.2-50）。

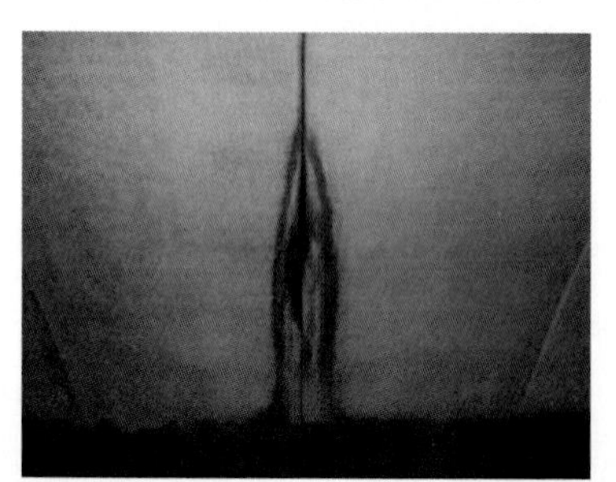

写真 9.2.2-50　接合部の開きからの漏水・遊離石灰・錆汁

【発生要因】

・カルバート周辺盛土の変形
・基礎地盤の沈下
・カルバートと盛土の不同沈下

【着目ポイント】

点検では、場所打ちカルバートと共通する観点のほか、プレキャストカルバートの構造上、多数存在する継手部や接合部にあたる箇所での部材同士のずれや開き、接触による欠損にも着目する必要がある。

・各ブロックのコンクリートに多数入ったひびわれが交わった部分や、隣接するブロック同士に引き合う力がかかり接触、欠損した部分がうき・剥離となって落下する可能性がある。
・コンクリートが剥離し、鉄筋かぶり不足や鉄筋露出、さらに鉄筋腐食に至った部材は耐荷力が低下し、土圧に耐えることができず、崩落する可能性もある。コンクリートのうきを叩き落とす、経過観察などの措置が必要である。
・継手部や接合部の開いた部分、ウイングや擁壁の取付部とカルバート坑口の間や擦付部と盛土の間にできた隙間から土砂や水の流出（写真 9.2.2-50）が多くみられる、または持続している場合、背面の盛土の変形・緩み・空洞の形成が進行していて、降雨や地震を契機に崩壊しやすくなる。経過観察や状況に応じた措置が必要である。
・上述の部分や上部道路の段差が大きい、あるいは増え続けている場合も同様に、経過観察や状況に応じた措置が必要である。

9.2.2 カルバート（プレキャストカルバートの変状）

・内空道路面に継手部や接合部に沿って亀裂や段差が生じている場合、基礎地盤の沈下や隣接するカルバートブロック間の不同沈下の可能性がある。
・各部分に生じる隙間や段差の大きさが空間的に偏っている場合、盛土の変形や基礎地盤の沈下が不均一に生じている可能性があり、経過観察と各部分の変形量、盛土の変形や基礎地盤の沈下の全体像に応じた措置が必要である。
・特に、プレキャストカルバートの場合、カルバート軸方向に多数の短いブロックが連結された構造となっており、その中の各ブロックがいくつかの部材が接合されたものとなっている場合もある。隙間や段差、土砂や水の流出が起こり得る箇所が多いので、見逃さないようにする必要がある。

【道路の機能に対する影響】
・各種変状が進展し、各ブロックのコンクリートでかぶり不足や鉄筋腐食が生じた場合や、部材の耐荷力が著しく低下して土圧や上載荷重に抵抗できずに変形や破壊に至った場合、内空の通行の安全上支障をきたす可能性がある。補修は大規模なものとなり、通行規制が広範囲や長期間にわたって、道路機能への影響が大きい。
・うき・剥離に至ったコンクリート片等が落下して利用者被害に至り、内空の安全な通行上支障となるおそれがある。
・背面の盛土の変形・緩み・空洞の形成が進行し、降雨や地震を契機に崩壊すると、上部道路の亀裂や段差のみならず、継手部や接合部からの土砂の流入による内空の閉塞が起こり、上部道路、内空道路ともに通行の支障となる。復旧までの間、全面的または部分的な通行規制を余儀なくされる可能性もある。

9.2.3 横断排水施設（横断カルバート、集水ますの変状）

【変状の特徴】

- 土砂、流木等が堆積して、横断カルバート内部、横断カルバートの流入口や流出口に接続された集水ますが閉塞されることにより、排水機能が低下する場合がある（写真 9.2.3-1～3）。
- 土石流、排水機能損失による横断カルバートへの過大な水圧の作用を受け、横断カルバート自体が破断、流出する場合も想定される。
- 地層の変化点などで、基礎地盤または盛土の不同沈下により、排水施設の変形（写真 9.2.3-4）、継手部のずれ（写真 9.2.3-5）や盛土からの横断カルバートの抜出し等が生じる場合がある。
- たわみ性パイプカルバートの老朽化により腐食が発生する場合がある（写真 9.2.3-6）。
- 排水施設にひびわれ、漏水等が発生する場合がある（写真 9.2.3-7）。

写真 9.2.3-1 横断カルバート流出口に接続した集水ます（上段）および
横断カルバート流出口の閉塞（下段）の状況の例

9.2.3 横断排水施設（横断カルバート、集水ますの変状）

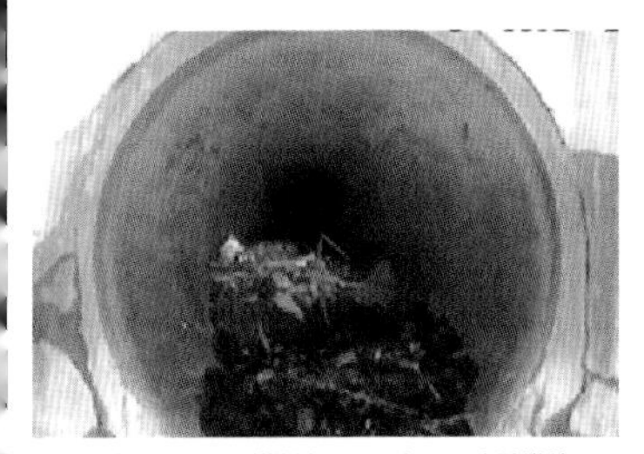

写真 9.2.3-2 横断カルバートへの土砂堆積による内部の閉塞

写真 9.2.3-3 波浪による水路用ボックスカルバートの閉塞

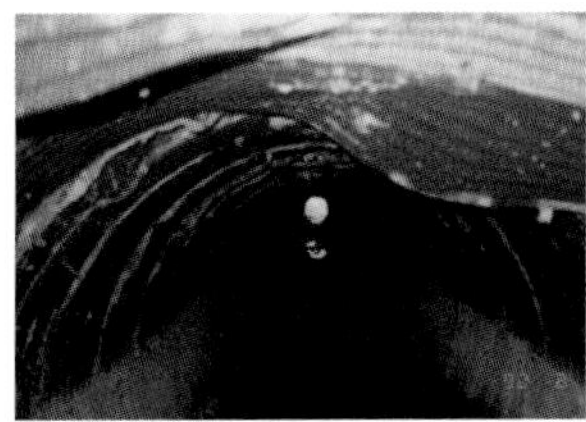

写真 9.2.3-4 横断カルバートの変形

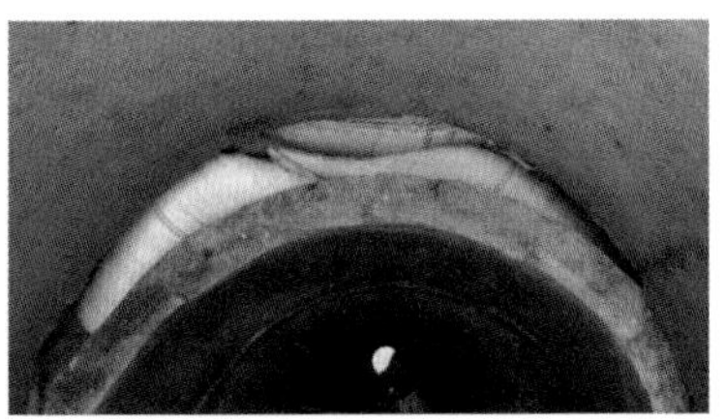

写真 9.2.3-5 接合部のずれ

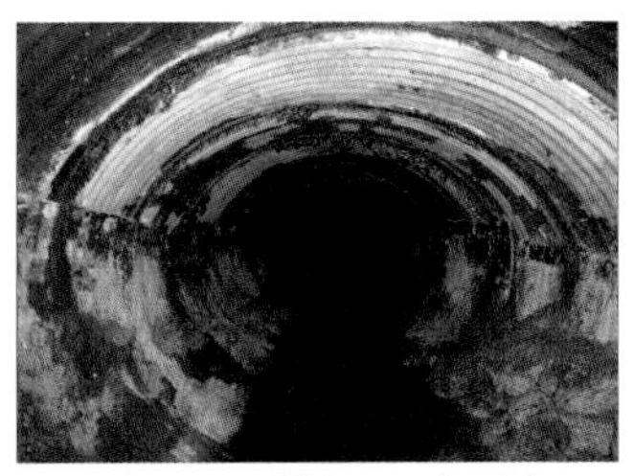

写真 9.2.3-6 横断カルバートの腐食

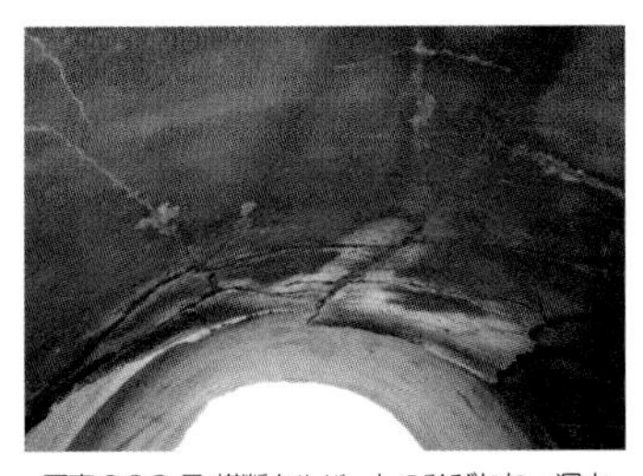

写真 9.2.3-7 横断カルバートのひびわれ・漏水

9.2.3 横断排水施設（横断カルバート、集水ますの変状）

【発生要因】

・常時の横断カルバート内部、流入口または流出口での土砂、流木等の堆積
・土石流等発生時の集水ますや横断カルバート流入口への土砂の流入
・土石流や、排水機能を喪失した横断カルバートへの水圧等による過大な力の作用を受けた横断カルバートや集水ますが破断や流失する場合も想定される。
・管路の縦断方向または横断方向の地層の変化や土被り重量の変化に伴う不同沈下により、横断カルバートに変形や破断が生じることが想定される（図9.2.3-1）。
・横断カルバートの老朽化により、横断カルバートの腐食やその部分からの漏水が生じることがある。

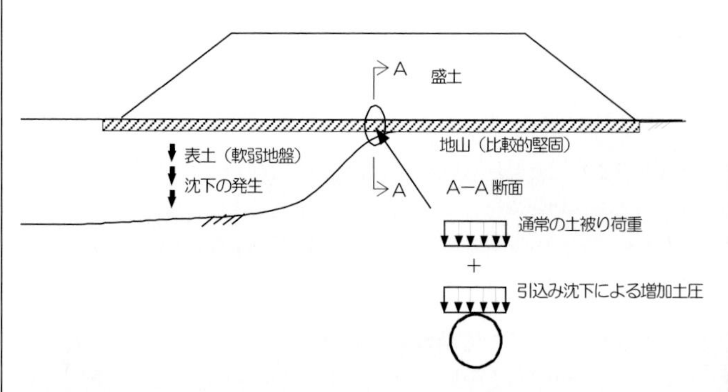

図9.2.3-1　横断カルバート軸方向の地形変化による変状要因

【着目ポイント】

・排水機能の確認は、常時および災害発生後とも必要である。
・常時でも土砂の堆積はあり、特に短期間に堆積量が増える場合には、横断カルバートの損傷による盛土の吸い出しが生じている可能性も考えられる。
・災害発生後については、周辺で発生した土石流や盛土の崩壊による大量の土砂や流木が横断カルバートの流出入口を急激に閉塞し、排水機能が損なわれることに伴う二次的な影響（周辺盛土が侵食を受ける、水の浸透により緩み不安定化するなど）も含めて確認が必要である。

・排水施設の縦横断方向の地盤条件の変化（設計時の図面の確認など）。横断カルバートの破断があった場合の要因の推定や、不同沈下による破断が起こり得る箇所の把握につながる。
・排水施設のひびわれやたわみなどの変形、腐食、流失の発生状況。排水機能への影響のほか、横断カルバートに腐食があるような場合は、横断カルバート内への盛土の吸い出しやそれに伴う影響がないかも含めて確認が必要である。

【道路の機能に対する影響】

排水施設に土砂や流木等が溜まり排水機能が低下すると、以下のようにして盛土の崩壊や、横断カルバートの上部道路や横断カルバートよりも下にある盛土上の道路の通行への影響が生じる。盛土の崩壊やのり面の侵食が生じた箇所と道路の位置や交通条件との関係によっては、利用者被害に至るおそれもある。

・横断カルバートが排水機能を失った結果、横断カルバートの上流側に一時的に堰止め池が形成され、そこからの越水で下流側の道路のり面が侵食されて盛土が崩壊する。また、堰止め池からの越水以外でも、盛土に水が浸透、飽和し、不安定化した盛土が崩壊する。後者の場合は、より崩壊の範囲や道路機能への影響も大きいことが想定される。
・土石流が土砂流や表面水となり、道路路面を縦断勾配に沿って流下することで、横断カルバートから離れた位置も含めて盛土のり面が侵食されて、盛土が崩壊する。
・土石流が道路路面にあふれ出して、盛土のり面の侵食や、車両の通行の支障を生じる。
・排水施設の変形や腐食が進行することにより、周囲の土砂が排水施設内に吸い込まれ、排水施設との間に空洞が生じて路面の陥没などにつながるおそれがある。
・路面陥没が起こると、上部道路の機能が麻痺し、復旧までの間、通行規制を余儀なくされる。管は比較的高土かぶりで設置されることが多いため、大規模な復旧を要し、通行規制が広範囲、長期間に及んで道路機能への影響が大きくなる可能性がある。

9.3.1 擁壁（全般）

【変状の特徴】

擁壁の変状の形態は多様であるが、のり面の崩壊につながる変状には次のようなものがある。

- 擁壁躯体の損傷（ひびわれ、はらみ出し等）
- 擁壁の移動、倒れ
- 擁壁の目地等の異常
- 擁壁基礎の前面地盤および底面地盤の消失（洗掘・侵食）

【着目ポイント】

- 擁壁の変状は、その設置箇所における地形、地質、降雨、地下水等に強く影響を受けて発生する。特に、集水地形の箇所に設置された擁壁、斜面上に設置された擁壁、軟弱地盤上に設置された擁壁等で変状が発生することが多く、こうした箇所においては十分に注意して点検を行う必要がある。
- 一般に、擁壁は縦断方向に長い構造物であり、横断および縦断方向において設置箇所の条件が変化する場合があることにも留意する必要がある。
- 擁壁が設置されたのり面の崩壊には、図 9.3.1-1 のような2つの形態がある。両者は異なるのり面の崩壊形態であるものの、崩壊の過程で擁壁に現れる変状は類似している。すなわち、擁壁の目地開きを例に見ても、(a)と(b)の両方に共通して目地開きは生じる得るものであり、擁壁の状態に関する情報のみに基づいて(a)と(b)のいずれの形態が進行しているかを特定することは困難である。したがって、擁壁の変状のみに着目するのではなく、擁壁の変状をのり面全体の変状の一部として大局的に捉えて点検および健全性の診断を行うことが重要である。

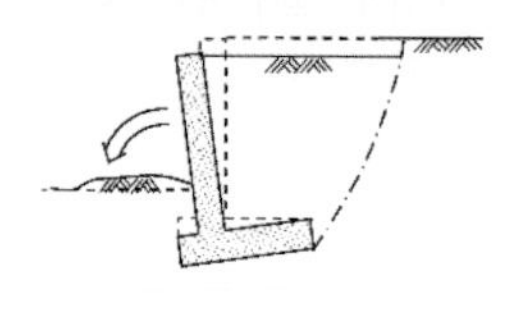

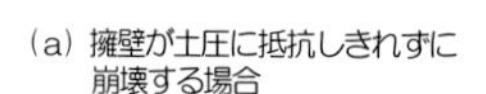

（a）擁壁が土圧に抵抗しきれずに崩壊する場合

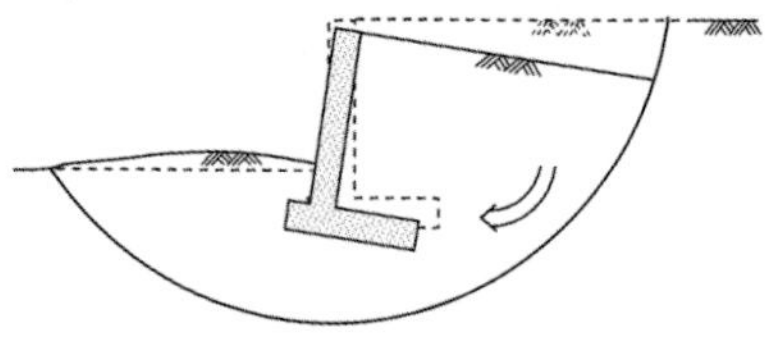

（b）擁壁を含む切土または盛土が崩壊する場合

図 9.3.1-1 擁壁が設置されたのり面の崩壊形態

9.3.1 擁壁（ひびわれ）

【変状の特徴】

・擁壁躯体、壁面材等にひびわれが発生する場合がある。ひびわれのパターンには水平方向、鉛直方向、斜め方向、亀甲状等がある（写真9.3.1-1～6）。

・ひびわれ位置等で躯体に屈折、ずれが発生する場合がある。

写真9.3.1-1 水平方向のひびわれ①

写真9.3.1-2 水平方向のひびわれ②

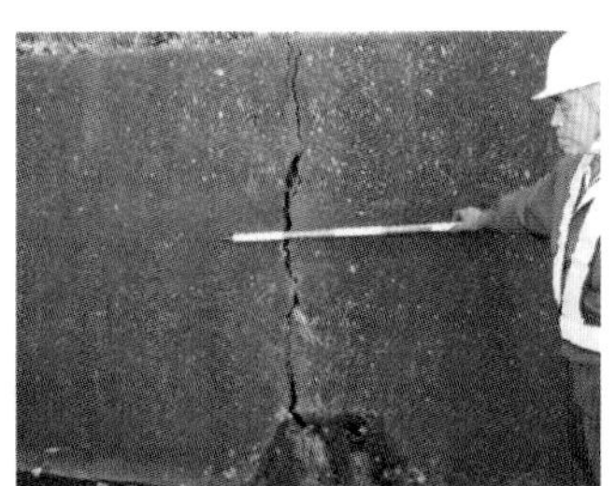

写真9.3.1-3 漏水を伴うひびわれ

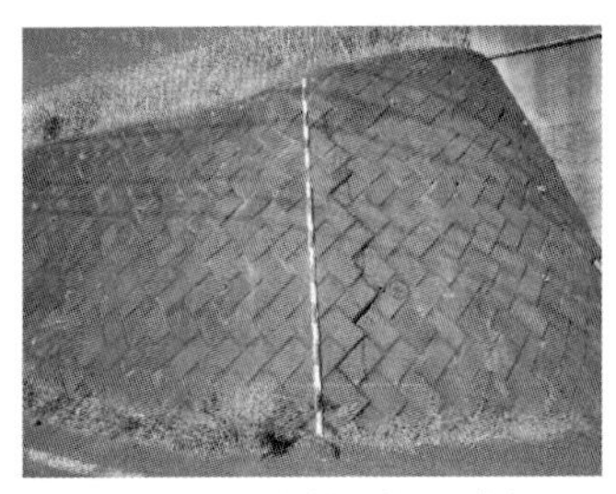

写真9.3.1-4 巻き込み部のひびわれ

写真9.3.1-5 斜め方向のひびわれ

写真9.3.1-6 角落ちを伴うひびわれ

9.3.1 擁壁（ひびわれ）

【発生要因】

- 過大な荷重（裏込め土への水の浸入による土圧や水圧の増加、地震動による慣性力や地震時土圧）
- 基礎の支持力不足、不同沈下
- 使用材料の劣化や腐食
- 初期欠陥（躯体コンクリートの打継ぎ目の不適切な施工等）
- ブロック積擁壁の場合には、胴込めコンクリートまたは裏込めコンクリートの強度、充填・厚さの不足

【着目ポイント】

- ひびわれの位置、方向、幅、長さおよび間隔並びにこれらの進行性
- 躯体の屈折およびずれ
- ひびわれからの漏水、錆汁等（写真 9.3.1-3）
- コンクリートの剥離・剥落
- 擁壁の変位、周辺の地盤の変状等
- 擁壁の材料（無筋コンクリート、鉄筋コンクリート）
- 構造上の弱部（無筋コンクリート打継ぎ目、断面急変部、擁壁の増打ち部等）
（写真 9.3.1-7～10）

写真 9.3.1-7 ブロック間のずれ
（間知ブロック）

写真 9.3.1-8 ブロック間のずれ
（大型積みブロック）

9.3.1 擁壁（ひびわれ）

写真 9.3.1-9 打継ぎ目のずれ

写真 9.3.1-10 擁壁の増打ち部のずれ

【道路の機能に対する影響】

- ひびわれ幅が大きい、ひびわれ位置で躯体に屈折またはずれが発生している場合等では躯体の安全性が低下している可能性がある。損傷が著しく進行すると、のり面の崩壊につながる場合がある。ひびわれの挙動をモニタリングして進行性を確認するほか、図9.3.1-1(b)の崩壊形態の視点も含め広い範囲で擁壁の変位や周辺の地盤の変状を確認し、要因の特定に努めることが重要である。
- ひびわれから漏水している場合には、水抜き孔等の排水施設の状態にも注意して点検する必要がある。
- 変状が進展してコンクリート片が落下すると利用者被害につながるおそれがある（写真9.3.1-11～14）。
- コンクリートの劣化、鉄筋腐食等については、その後の劣化の進行を予測し、予防保全のための措置が必要である（写真9.3.1-12、13）。

9.3.1 擁壁（ひびわれ）

写真 9.3.1-11 かぶりコンクリートの剥離

写真 9.3.1-12 かぶりコンクリートの剥落・鉄筋腐食

写真 9.3.1-13 コンクリートの欠損

写真 9.3.1-14 天端コンクリートの剥落

9.3.1 擁壁（はらみ出し）

【変状の特徴】

- ブロック積（石積）擁壁、井桁組擁壁等の躯体の剛性の小さい擁壁または補強土壁等の柔な構造の擁壁において、壁面がはらんだ状態である（写真 9.3.1-15、16）。
- 特に、空積（胴込めコンクリートを使用しない積み方）で構築された擁壁は積みブロック等どうしの結合が相対的に小さいために、壁面にはらみ出しが発生しやすい。
- はらみ出しが進展すると積みブロック等がゆるみ、抜け落ちる場合がある（写真 9.3.1-17、18）。
- 補強土壁の場合には、主に補強領域の盛土材料がせん断変形およびすべり変形して、壁面にはらみ出しが発生する。また、補強材が破断すると、その周辺で局所的に壁面にはらみ出しが生じる場合がある。
- はらみ出しが生じると、擁壁背面地盤に段差や開口が発生する場合がある。

写真 9.3.1-15 石積擁壁（空積み）のはらみ出し

写真 9.3.1-16 補強土壁の壁面の変位

写真 9.3.1-17 積みブロックのゆるみ

写真 9.3.1-18 積みブロックの抜落ち

9.3.1 擁壁（はらみ出し）

【発生要因】

- 過大な荷重（裏込め土への水の浸入による土圧や水圧の増加、地震動による慣性力や地震時土圧）
- 使用材料の劣化や腐食
- ブロック積擁壁の場合には、胴込めコンクリートまたは裏込めコンクリートの強度、充填・厚さの不足
- 補強土壁の場合には、不適切な盛土材料の使用や締固め不足、排水対策の不良、盛土材料の凍上（凍上抑制層がない場合）等

【着目ポイント】

- はらみ出しの程度・範囲・進行性
- 躯体の構造的な一体性（胴込めコンクリート等の有無）
- 積みブロックのゆるみ・抜落ち、壁面材の脱落
- 擁壁背面地盤の開口、段差、沈下等

【道路の機能に対する影響】

- はらみ出しが著しく進展すると、背面地盤にすべりが発生してのり面の崩壊につながる場合がある。
- 特に、空積の擁壁の場合には少数の積みブロック等の抜落ちがのり面の崩壊につながる可能性があるため、速やかに措置を行うことが重要である（写真 9.3.1-19）。
- 積みブロック等の抜落ち、壁面材の脱落等が発生すると利用者被害につながるおそれがある。
- はらみ出しによる擁壁背面地盤の段差や開口から盛土内に水が浸入すると、変状を促すことになるため、変状の範囲・規模を踏まえて、大きく崩壊する可能性があると判断される箇所は、措置が必要である。

写真 9.3.1-19 積みブロックの抜落ちによるゆるみの拡大

9.3.1 擁壁（移動）

【変状の特徴】

- 擁壁に作用する荷重の増加や滑動抵抗力の低下が生じ、水平方向の荷重が基礎底面地盤の抵抗力を超過して、擁壁が前面側に押し出された状態である（写真 9.3.1-20～23）。
- 擁壁の移動により、天端において擁壁背面と背面地盤の間の地割れ、擁壁ブロック間のずれ、路面の段差、前面地盤の隆起等を伴う場合がある。

写真 9.3.1-20 擁壁の移動①

写真 9.3.1-21 擁壁の移動②

写真 9.3.1-22 擁壁の移動③

写真 9.3.1-23 擁壁の移動④

【発生要因】

- 過大な荷重（裏込め土への水の浸入による土圧や水圧の増加、地震動による慣性力や地震時土圧）
- 擁壁根入れ地盤の掘削や洗掘による底面地盤の抵抗力の減少
- 雨水の浸透による地盤のせん断抵抗力の低下や浮力の影響等
- 基礎の根入れが浅い場合には、凍結融解や乾湿の繰返し等による地盤のせん断抵抗力の低下
- 施工時の地盤の過度な掘削と埋戻し整地箇所の締固め不足による滑動抵抗力の不足

9.3.1 擁壁（移動）

【着目ポイント】

- 擁壁の移動の進行性
- 擁壁の前面地盤の根入れが十分に確保されているか
- 擁壁背面地盤の開口、段差、沈下等
- 擁壁前面地盤の隆起
- 擁壁ブロック間のずれ、段差等

【道路の機能に対する影響】

- 擁壁の移動が著しく進展すると、背面地盤にすべりが発生してのり面の崩壊につながる場合がある。
- 擁壁背面地盤の段差や開口した部分から背面地盤に水が浸入すると、変状を促すことになるため、変状の範囲・規模を踏まえて、大きく崩壊する可能性があると判断される箇所は、措置が必要である。
- 擁壁の移動により、擁壁に近接して設置された排水施設が変状する場合があるため、注意して点検する必要がある（写真 9.3.1-24、25）。

写真 9.3.1-24 擁壁の移動による排水施設の変状①

写真 9.3.1-25 擁壁の移動による排水施設の変状②

9.3.1 擁壁（倒れ）

【変状の特徴】

・擁壁に作用する荷重の増加によって鉛直方向の底版反力が大きくなった結果として、地盤の鉛直支持力が不足する場合や、設計で想定した鉛直支持力が不足または低下した場合に、擁壁が前面方向に傾倒し前面側が地盤にめり込んだ状態である（写真 9.3.1-26～28）。
・擁壁の倒れにより、天端において擁壁背面と背面地盤の間の地割れ、擁壁ブロック間のずれや路面の段差等が発生する場合がある（写真 9.3.1-29）。
・斜面上の直接基礎の擁壁の場合には前面地盤が有限であるため、水平地盤と比較して地盤の支持力が小さく倒れが発生しやすい。

写真 9.3.1-26 擁壁の倒れ①

写真 9.3.1-27 擁壁の倒れ②

写真 9.3.1-28 擁壁の倒れ③

写真 9.3.1-29 防護柵の傾斜および路面のひびわれ

9.3.1 擁壁（倒れ）

【発生要因】

・過大な荷重（裏込め土への水の浸入による土圧や水圧の増加、地震動による慣性力や地震時土圧）
・支持力の低下（地下水位の上昇による有効応力の減少や根入れ地盤の掘削や洗掘による土被り荷重の減少等）
・設計時の想定と異なる局所的な地質の不均一性による支持力不足（計画、設計時における地層構成、湧水等の調査不足または施工時における支持層の確認不足）

【着目ポイント】

・擁壁の倒れの進行性
・擁壁背面地盤の開口、段差、沈下等
・擁壁前面地盤の隆起
・擁壁ブロック間のずれ、段差等
・地盤の洗掘
・擁壁躯体の損傷

【道路の機能に対する影響】

・擁壁の倒れが著しく進展すると、背面地盤にすべりが発生してのり面の崩壊につながる場合がある（写真 9.3.1-30）。
・擁壁背面地盤の段差や開口した部分から背面地盤に水が浸入すると、変状を促すことになるため、変状の範囲・規模を踏まえて、大きく崩壊する可能性があると判断される箇所は、措置が必要である。
・擁壁の倒れにより、擁壁に近接して設置された排水施設が変状する場合があるため、注意して点検する必要がある。
・地盤が洗掘を受けると擁壁の倒れが発生しやすくなるため、根入れが十分に確保されているか確認し、洗掘が認められる場合には、措置が必要である。（写真 9.3.1-31）。

9.3.1 擁壁（倒れ）

写真 9.3.1-30 擁壁の倒れによるのり面の崩壊

写真 9.3.1-31 洗掘に伴う倒れ

9.3.1 擁壁（目地の異常）

【変状の特徴】

- 擁壁に移動、倒れ等が生じた際に目地等においてずれ、開きまたは段差が生じた状態である（写真 9.3.1-32～35）。
- 擁壁の目地は、温度変化、乾燥収縮、外力等によってコンクリートに有害なひびわれが発生することを防止するために設けるものである。したがって、目地のずれ、段差等が必ずしも問題となるわけではない。
- ただし、目地等の開口が大きい場合には裏込め土が漏出する場合がある（写真 9.3.1-36、37）。

写真 9.3.1-32 目地の開き

写真 9.3.1-33 不同沈下による目地異常

写真 9.3.1-34 補強土壁の壁面材どうしの接合部の開き

写真 9.3.1-35 連続する構造物との接続部での開き

9.3.1 擁壁（目地の異常）

写真 9.3.1-36 裏込め材の漏出

写真 9.3.1-37 連続する構造物との接続部での盛土材料の漏出

【発生要因】
- 過大な荷重（裏込め土への水の浸入による土圧や水圧の増加、地震動による慣性力や地震時土圧）
- 基礎の支持力不足
- 不同沈下（地層の変化等）
- 温度変化、乾燥収縮

【着目ポイント】
- 目地等のずれ、開き等の進行性
- 開口した目地等からの裏込め土の漏出
- 連続する構造物（橋台、カルバート等）との接続部、異なる構造形式の擁壁（コンクリート擁壁、補強土壁等）の接続部

【道路の機能に対する影響】
- ブロック積擁壁、もたれ式擁壁、補強土壁等の背面地盤または裏込め土との相互作用によって安定する擁壁の場合には、目地からの裏込め土の漏出がのり面の崩壊につながるおそれがある。
- 目地のずれ等は施工時から生じている場合があり、進行性を確認し十分に検討する必要がある。
- 盛土部擁壁の場合には、裏込め土の漏出により路面の段差、陥没等が発生する可能性がある。
- 橋台やカルバートとの接続部、異なる構造形式の擁壁（コンクリート擁壁、補強土壁等）の接続部等では、構造形式や基礎形式の違い等に起因して相対的な変位（目地の異常）が発生しやすいので、注意して点検する必要がある（写真 9.3.1-35、37）。

9.3.1 擁壁（洗掘）

【【変状の特徴】

- 擁壁基礎の前面地盤および基礎底面地盤の土砂が、流水や波浪により洗い流された状態である（写真9.3.1-38～40）。
- 洗掘・侵食が進行すると基礎底面に空洞が発生する場合がある（写真9.3.1-39、40）。
- 洗掘・侵食により、擁壁の移動、倒れに進展する場合がある（写真9.3.1-41）。

写真9.3.1-38 前面地盤の洗掘

写真9.3.1-39 水衝部における洗掘

写真9.3.1-40 海岸擁壁の洗掘

写真9.3.1-41 洗掘による擁壁の倒れ

9.3.1 擁壁（洗掘）

【発生要因】

・河川の河道変動（河川の湾曲部、水衝部、狭隘部等では河床の低下が生じやすい）
・根入れ深さの不足
・洗掘防止工（根固め工）の未設置、機能低下等（写真 9.3.1-42、43）
・擁壁前面の排水施設の容量不足または変状による漏水（写真 9.3.1-44）
・計画で想定していない経路からの流水（写真 9.3.1-45）

写真 9.3.1-42 根固め工の変状

写真 9.3.1-43 根継工背面の洗掘

写真 9.3.1-44 排水施設の変状による浸食

写真 9.3.1-45 計画外の流水による浸食

9.3.1 擁壁（洗掘）

【着目ポイント】

- 洗掘・侵食の進行性
- 擁壁前面の河川の形状
- 擁壁の前面地盤の根入れが十分に確保されているか
- 洗掘防止工の有無・変状
- 排水施設の容量不足、変状等
- 擁壁躯体および擁壁背面地盤の変状

【道路の機能に対する影響】

- 洗掘・侵食が進展し著しく擁壁が前面側に傾倒する、またはずり落ちるなどすると、のり面の崩壊につながる場合がある。特に、擁壁の底面に空洞が発生するような場合には擁壁の安定性が著しく損なわれている可能性が高い。
- 洗掘・侵食が認められる場合には、これに起因した擁壁の移動、倒れ、ひびわれ等が発生していないか点検する必要がある。点検時点で擁壁に沈下、倒れ等の変状が発生していなくても、降雨や地震により変状が発生してのり面の崩壊につながる可能性がある。
- 基礎地盤の洗掘・侵食により裏込め土が吸い出しを受け、路面に変状が現れる場合がある。

9.3.2 排水施設（全般）

【変状の特徴】

・水が原因となるのり面崩壊には、表流水による侵食や、浸透水によるのり面の安定性の低下によるものがある。

・排水施設に変状の発生や想定以上の水が流入すると、排水施設からの溢水（写真 9.3.2-1、2）や漏水等により表層侵食や排水施設の破損を誘発しのり面崩壊につながることがある。

・道路土工構造物の点検においては、排水施設の機能や周囲を含めた排水系統を確認すること。

写真 9.3.2-1 縦排水溝の溢水

写真 9.3.2-2 合流部での溢水

9.3.2 排水施設（全般）

【発生要因】

排水施設からの溢水や漏水等を引き起こす主な発生要因として以下のものがある。

（溢水）

- 水流の変化点（例：縦排水溝と小段排水溝の交点、集水ます、屈曲部）
- 排水施設の能力不足（例：初期不良、排水施設内への土砂等の堆積、閉塞）

（漏水）

- 排水施設の目地の開口（例：のり面の変状、目地材の劣化）
- 排水施設の破損（例：のり面の変状、落石等の衝突）

【着目ポイント】

- 連続的に設置され流末まで所定のネットワーク機能が確保されていることに留意する。
- 変状が軽微なうちに異常を発見することで、災害の原因を取り除くことが重要である。
- 降雨時や降雨直後に点検を行うことで、排水施設の不具合を捉えやすくなる。

9.3.2 排水施設（小段排水溝：土砂堆積、閉塞）

【変状の特徴】

- 排水施設へ落ち葉や土砂等が堆積することにより、排水施設が閉塞する場合がある（写真9.3.2-3、4）。
- 周辺の樹木やのり面保護施設の種類、排水施設の構造などにより、排水施設が閉塞するまでに要する時間などは異なる。

写真 9.3.2-3 小段排水溝への土砂堆積による閉塞

写真 9.3.2-4 小段排水溝への落葉の堆積による閉塞

9.3.2 排水施設（小段排水溝：土砂堆積、閉塞）

【発生要因】

・雨水等による排水施設上方ののり面の侵食
・落葉時期を中心とした樹木からの落ち葉
・排水施設の清掃不足

【着目ポイント】

・排水施設周辺ののり面の侵食状況
・土砂等の堆積による排水施設の閉塞の発生状況
・土砂等の堆積、閉塞に伴う溢水の発生状況
・土砂等の堆積による排水施設の沈下、損傷の発生状況

【道路の機能に対する影響】

・排水施設の上方ののり面の侵食により排水施設に土砂が流入している場合は、侵食が長期にわたり拡大しのり面崩壊につながる可能性がある。
・排水施設からの溢水により、のり面の侵食や洗掘が長期にわたり拡大することで、のり面崩壊につながる可能性がある。また、土のせん断強さの低下や間隙水圧の増加により、のり面崩壊につながる可能性がある。

9.3.2 排水施設（路肩排水溝、小段排水溝、縦排水溝、排水孔：目地開口、破損）

【変状の特徴】

- 排水施設は、目地部で変形が生じやすい。
- 目地部の変状には、目地の開口（写真9.3.2-5）、目地のずれ、コンクリートの欠け等さまざまな形態がある。
- 目地の開口部からの漏水によりのり面の侵食（写真9.3.2-6）が拡大する場合がある。
- 落石等の衝突やのり面の変形により排水施設が破損（写真9.3.2-7）する場合がある。

写真9.3.2-5 目地の開口

写真9.3.2-6 路肩排水溝の目地開口部からの漏水によるのり面の侵食

9.3.2 排水施設（路肩排水溝、小段排水溝、縦排水溝、排水孔：目地開口、破損）

写真 9.3.2-7 縦排水溝の破損

【発生要因】

- 排水施設の老朽化
- 目地材の劣化
- 目地の開口部からの漏水による侵食
- 路肩排水施設の沈下や蓋などの付属物の変状
- 排水施設が設置されているのり面の変状
- 落石等の衝突

【着目ポイント】

- 目地の開口、破損による漏水の発生状況（侵食の発生状況）
- のり面変状の発生状況
- 落石等の衝突による変状の発生状況

【道路の機能に対する影響】

- 排水施設の目地の開口部や損傷箇所から漏水することで、継続的に排水施設が侵食・洗掘され、のり面崩壊につながる可能性がある。
- 排水施設の主な変状要因がのり面のすべりなどによる場合、のり面の変状が継続することで、のり面崩壊につながる可能性がある。
- 排水施設の目地の開口部や破損箇所からの漏水により継続的にのり面内に水が供給されることで、土のせん断強さの低下や間隙水圧の増加により、のり面崩壊につながる可能性がある。

9.3.2 排水施設（小段排水溝、縦排水溝：侵食）

【変状の特徴】

・のり面の表流水により排水施設周辺で侵食が発生する場合がある（写真 9.3.2-8、9）。
・侵食の要因を除去しないと、変状が拡大していく場合が多い。

写真 9.3.2-8 縦排水溝周辺の侵食

写真 9.3.2-9 合流部付近での侵食

9.3.2 排水施設（小段排水溝、縦排水溝：侵食）

【発生要因】

- 排水能力の低下、能力不足による溢水（写真 9.3.2-10）
- 水流変化点（縦排水溝と小段排水溝の合流部、集水ますとの接続部、水路の屈曲部等）での溢水
- 排水施設の閉塞箇所からの溢水
- 排水施設の目地開きや損傷箇所（写真 9.3.2-11）からの漏水
- 排水施設周辺のコンクリートシールの劣化

写真 9.3.2-10 溢水

写真 9.3.2-11 小段排水溝の破損

9.3.2 排水施設（小段排水溝、縦排水溝：侵食）

【着目ポイント】

- 排水施設や集水ますの排水能力が確保されているか
- 水流変化点で溢水を防ぐ構造（ふた、堅壁等）の有無
- 排水施設の目地開き、損傷の発生状況
- 排水施設の閉塞の発生状況
- 溢水や侵食を防ぐ構造（張芝、張石やコンクリートシール等）の有無
- 排水施設周辺コンクリートシールの損傷状況

【道路の機能に対する影響】

- 集水ますの排水能力が確保されていない場合、侵食が拡大することで、のり面崩壊につながる可能性がある。
- 溢水や漏水により排水施設周辺の侵食や洗掘が拡大することで、のり面崩壊につながる可能性がある。
- 排水施設に目地の開き、破損等が生じ漏水することで、継続的にのり面内に水が供給され、土のせん断強さの低下や間隙水圧の増加により、のり面崩壊につながる可能性がある。
- 排水施設周辺のコンクリートシールの劣化により侵食が拡大することで、のり面崩壊につながる可能性がある。

9.3.2 排水施設（排水孔：土砂堆積、閉塞、濁水）

【変状の特徴】

- 水とともに土砂等が擁壁やコンクリート吹付け等の排水孔に流入し、堆積する場合があり、進行すると排水孔が閉塞する場合がある（写真 9.3.2-12）。
- 排水孔内に土砂等が堆積せずに、濁水として排出される場合がある（写真 9.3.2-13）。

写真 9.3.2-12 排水孔の閉塞

写真 9.3.2-13 排水孔からの濁水

9.3.2 排水施設（排水孔：土砂堆積、閉塞、濁水）

【発生要因】
・吸出し防止の機能不全
・排水施設の清掃不足

【着目ポイント】
・排水施設の裏の吸出しの状況
・降雨時の排水施設からの排水状況
・吸出し防止（吸出し防止材、割栗石、砕石等）の状態
・排水施設からの植物繁茂の有無（写真 9.3.2-14）

【道路の機能に対する影響】
・排水施設に閉塞が生じている場合は、土中水が排水されず土のせん断強さの低下や間隙水圧の増加により、のり面崩壊につながるおそれがある。
・吸出しが顕著な場合は、のり面の安定性の低下により、のり面崩壊につながるおそれがある。

写真 9.3.2-14 排水孔からの植生繁茂

参考資料

1. 技術基準等の変遷

2. 道路土工構造物点検の参考となる要領等

（二次元コード集）

R5.4 現在

	変　遷					現　行
道路土工構造物技術基準						H27.3
道路土工構造物技術基準・同解説						H29.3
道路土工指針	S31	S42,S48				−
排水工指針		S48	S54	S62		−
土質調査指針			S52	S61		−
施工指針			S52	S61		−
道路土工要綱				S58	H2	H21.6
のり面・斜面安定工指針		S47	S54	S61	H11	−
切土工・斜面安定工指針						H21.6
盛土工指針						H22.4
擁壁・カルバート・仮設構造物工指針			S52	S62		−
擁壁工指針					H11	H24.7
カルバート工指針					H11	H22.3
仮設構造物工指針					H11	H11.3
軟弱地盤対策工指針			S52	S61		H24.8
落石対策便覧				S58	H12	H29.12
道路防雪便覧					H2	H2.5
主要な地震・落石等の災害や事故		S39 新潟地震 S43 十勝沖地震 S48 飛騨川バス転落事故	S53 伊豆大島近海地震 S53 宮城県沖地震	S58 日本海中部地震	H1 越前海岸洞門工崩落事故 H5 釧路沖地震 H7 兵庫県南部地震 H8 豊浜トンネル岩盤崩落事故	H16 新潟県中越地震 H19 能登半島地震 H21 駿河湾を震源とする地震 H23 東北地方太平洋沖地震 H28 熊本地震

道路土工構造物点検要領
平成29年8月
国土交通省　道路局

道路土工構造物点検要領
令和5年3月
国土交通省 道路局 国道・技術課

参考文献

1）道路土工構造物技術基準・同解説　（公社）日本道路協会　平成29年3月
2）道路土工構造物点検要領　国土交通省道路局　平成29年8月
3）道路土工構造物点検要領　国土交通省道路局国道・技術課　令和5年3月
4）シェッド、大型カルバート等定期点検要領　国土交通省道路局　平成31年2月
5）道路土工要綱　（社）日本道路協会　平成21年6月
6）道路土工ーのり面工・斜面安定工指針　（社）日本道路協会　平成11年3月
7）道路土工ー切土工・斜面安定工指針　（社）日本道路協会　平成21年6月
8）道路土工ー盛土工指針　（社）日本道路協会　平成22年4月
9）道路土工ー擁壁工指針　（社）日本道路協会　平成24年7月
10）道路土工ーカルバート工指針　（社）日本道路協会　平成22年3月
11）道路土工ー軟弱地盤対策工指針　（社）日本道路協会　平成24年8月
12）道路土工ー仮設構造物工指針　（社）日本道路協会　平成11年3月
13）道路防雪便覧　（社）日本道路協会　平成2年5月
14）落石対策便覧　（公社）日本道路協会　平成29年12月
15）吹付のり面診断・補修補強の手引き（増強版）　のり面診断補修補強研究会　平成29年11月
16）グラウンドアンカー維持管理マニュアル　（国研）土木研究所、（一社）日本アンカー協会、（国）三重大学、高速道路総合技術研究所　共編　令和2年9月

道路土工構造物点検必携

令和5年度版

平成30年7月27日　初版発行
令和2年12月15日　改訂版発行
令和6年3月22日　改訂版第1刷発行

編集 発行所　公益社団法人　日本道路協会
東京都千代田区霞が関 3-3-1

印刷所　大和企画印刷株式会社

発売所　丸善出版株式会社
東京都千代田区神田神保町2-17

ISBN978-4-88950-424-8 C2051

memo

memo

memo

memo

memo